面向生态的水利工程协调调度理论与实践

魏娜　卢锟明　贾仰文　解建仓　罗军刚　著

中国水利水电出版社
www.waterpub.com.cn
·北京·

内 容 提 要

我国北方流域及区域大都资源性缺水，水利工程综合用水部门之间存在不同程度的竞争用水，各利益主体之间矛盾突出。本书紧扣"生态效应根源不明、生态流量底线不清、生态调度方法不灵"三个根本性问题，开展面向生态的水利工程协调调度理论与实践研究。针对"生态效应根源不明"的问题，通过生态效应理论分析，提出水利工程三级生态效应，构建可量化的水利工程三级生态效应评价指标体系；针对"生态流量底线不清"的问题，提出可变区间分析法确定河道生态流量的计算方法，基于成本效益理论，采用层次化用水分析方法确定其他利益主体不同层级用水需求；针对"生态调度方法不灵"的问题，提出水利工程服务于生态的协调调度方法，并对典型水利工程协调调度方案进行研究，为推进流域生态保护与高质量发展提供理论参考与技术支撑。

本书可作为高等院校和科研院所教师、科研人员和研究生的参考书，也可为从事水资源规划与综合决策、水库调度等研究的技术人员提供参考。

图书在版编目（CIP）数据

面向生态的水利工程协调调度理论与实践 / 魏娜等著. -- 北京：中国水利水电出版社，2022.8
ISBN 978-7-5226-0983-6

Ⅰ．①面… Ⅱ．①魏… Ⅲ．①水利工程－生态环境－研究 Ⅳ．①TV-05②X171.4

中国版本图书馆CIP数据核字(2022)第164013号

书　　名	**面向生态的水利工程协调调度理论与实践** MIANXIANG SHENGTAI DE SHUILI GONGCHENG XIE-TIAO DIAODU LILUN YU SHIJIAN
作　　者	魏　娜　卢锟明　贾仰文　解建仓　罗军刚　著
出 版 发 行	中国水利水电出版社 （北京市海淀区玉渊潭南路1号D座　100038） 网址：www.waterpub.com.cn E-mail：sales@mwr.gov.cn 电话：(010) 68545888（营销中心）
经　　售	北京科水图书销售有限公司 电话：(010) 68545874、63202643 全国各地新华书店和相关出版物销售网点
排　　版	中国水利水电出版社微机排版中心
印　　刷	清淞永业（天津）印刷有限公司
规　　格	184mm×260mm　16开本　10印张　243千字
版　　次	2022年8月第1版　2022年8月第1次印刷
定　　价	**68.00元**

前 言

随着流域生态文明建设步伐加快，水利工程的建设和管理主体呈现多元化趋势，涉及利益相关者众多，经济发展用水与生态环境稳态运行需水成为有限水资源承载对象的一对矛盾，"争水""抢水"现象屡见不鲜。对于北方资源性缺水流域及区域，开发利用要服务于包含生态环境在内的多利益主体，对原有的利益格局造成影响，导致多利益主体间的强竞争形势常态化和长期化，且在短期内难以缓解。强竞争条件这一"新常态"为生态调度提出了新的挑战，生态调度如何应对强竞争形势成为迫切需要解决的问题。现有的水利工程生态调度虽然考虑了河道内的生态保护，却往往"顾此失彼"，未能兼顾各方利益均衡，存在"生态效应根源不明、生态流量底线不清、生态调度方法不灵"等问题，亟须开展面向生态的水利工程协调调度理论与实践研究。

本书依托国家重点研发计划项目课题（2016YFC0401409）、国家自然科学基金（51709222、51979221、71774132）、陕西省教育厅重点科学研究计划项目（22JT029）、陕西省自然科学基础研究计划项目（2017JQ5076）、陕西省教育厅自然科学专项（17JK0558）等项目的部分研究成果，紧扣三个根本问题展开研究，针对"生态效应根源不明"的问题，通过生态效应理论分析，提出水利工程三级生态效应，构建可量化的水利工程三级生态效应评价指标体系；针对"生态流量底线不清"的问题，提出可变区间分析法确定河道生态流量的计算方法，基于成本效益理论，采用层次化用水分析方法确定其他利益主体不同层级用水需求；针对"生态调度方法不灵"的问题，提出了水利工程服务于生态的协调调度方法，并与传统优化调度方法进行对比分析，对典型水利工程协调调度方案进行研究，让各利益主体的利益在协调中落实，使生态调度科学合理，为推进流域生态保护与高质量发展提供理论参考与技术支撑。主要工作如下：

本书分为7章。第1章概述了本书的研究背景，综述了水利工程生态调度的研究进展和存在问题，阐述了本书的研究内容和框架。第2章基于生态效应的理论与方法，分析水利工程生态效应的概念与内涵，提出水利工程三级生态效应，建立可量化的水利工程生态效应评价指标体系，对陕西省渭河流域大型水利工程生态效应进行评价。第 3 章辨析生态流量相关概念，提出生态流量的新内涵以及可变区间分析法确定河道生态流量的新方法，确定渭河干流五个重点断面生态流量目标。第 4 章基于成本效益理论，提出层次化用水内涵，考虑用水过程不同阶段成本与效益间的敏感程度，将用户需求分为最低需水量、适宜需水量和最大需水量，计算陕西省渭河流域九大灌区不同层级需水量。第 5 章基于区间化协调理念，提出并构建水利工程服务于生态的协调调度理论与模型。第 6 章以典型水库为例，对水库多利益主体优化调度方案与协调调度方案进行对比，验证协调调度方法的合理性和适用性。第 7 章对本书的研究工作进行总结与展望。

本书由魏娜、卢锟明、贾仰文、解建仓、罗军刚主笔，研究生刘丹丹、何姝妮、张少飞、彭煜馨、杨锋、高亚婷、周桂杏等参与了书中部分工作。感谢中国水利水电科学研究院王浩院士，清华大学杨大文教授，清华大学倪广恒教授，北京师范大学徐宗学教授，中国水利水电科学研究院游进军正高、牛存稳正高、仇亚琴正高等专家的指导；感谢西安理工大学汪妮教授、张永进教授、姜仁贵教授等在项目研究过程中给予的帮助。在此，谨向他（她）们表示最衷心的感谢。

由于水利工程生态调度问题具有复杂性，加之作者时间和水平有限，书中难免存在疏漏与不足之处，敬请读者批评指正。

作者

2022 年 7 月

目　录

绪 论

1.1 研究背景及意义

我国水资源安全形势严峻，水资源供需矛盾突出，尤其对于北方地区，资源性缺水已经成为制约经济可持续发展和社会长治久安的主要因素，水利工程综合用水部门之间存在着不同程度的竞争用水，各利益主体之间矛盾十分突出。面对资源约束、环境污染严重、生态系统退化的严峻趋势，我国一直高度重视生态环境保护和建设工作。习近平总书记指出："保护生态环境就是保护生产力，改善生态环境就是发展生产力""生态兴则文明兴，生态衰则文明衰""绿水青山就是金山银山""山水林田湖是一个生命共同体"。这些论述充分体现了国家全力保护生态环境的鲜明态度。2019 年 3 月，习近平总书记在参加内蒙古自治区代表团审议时强调："保护生态环境和发展经济从根本上讲是有机统一、相辅相成的。"同年 9 月，习近平总书记在郑州主持召开黄河流域生态保护和高质量发展座谈会并提出一个国家重大战略：黄河流域生态保护与高质量发展。2020 年 4 月 17 日水利部印发的《关于做好河湖生态流量确定和保障工作的指导意见》提出科学合理地确定生态流量保障目标，加强河湖生态流量保障管理，逐步恢复河湖生态环境。2021 年国务院印发了《"十四五"生态环境保护规划》，规划指出要加大重点河湖保护和综合治理力度，恢复水清岸绿的生态体系的新任务；提出了生态文明建设实现新进步，生态环境明显改善的新目标。生态保护力度空前，生态需求不断提高。对于我国北方资源性缺水的流域及区域无疑是"雪上加霜"，用水竞争激烈，生态用水自身不足，为生态文明建设服务的流域治理更是大幅增加了生态环境用水需求。在"强竞争"的用水形势下，这些生态环境用水从哪里来？

  渭河是北方资源性缺水流域强竞争用水的典型代表，随着流域水资源开发利用强度的不断增大，社会经济用水长期挤占生态环境用水。2016 年 5 月，关中水系建设列入陕西"十三五"规划。同年 6 月，陕西省启动了农村涝池水生态修复与整治工作。2017 年 1 月，为贯彻落实山水林田湖生态保护和修复工程，中央财政设立了重点生态保护修复治理专项资金，陕西作为首批重点支持省份之一，总投资 119.8 亿元。同年 2 月，陕西省全面启动水资源"双控"行动，同月，陕西省委、省政府印发《陕西省全面推行河长制实施方案》。2019 年 12 月，陕西省渭河流域暨渭河生态区生态保护和高质量发展座谈会指出要尽快编制渭河流域生态保护和高质量发展规划，加快实施水生态修复保护，抓好渭河流域水源涵养、水土保持、污染治理和生态系统保护工作，使渭河生态区成为河流生态治理的典范和标杆。2020 年 4 月，习近平总书记赴陕西考察时指出："陕西生态环境保护，不仅关系自身发展质量和可持续发展，而且关系全国生态环境大局""要牢固树立绿水青山就是金山银山的理念""推动黄河流域从过度干预、过度利用向自然修复、休养生息转变，改善流域生态环境质量。"同年 6 月，陕西省政协十二届常委会第十二次会议强调："坚持生态优先、绿色发展，以水而定、量水而行，因地制宜、分类施策，共同抓好大保护、协同推进大治理，让黄河成为造福人民的幸福河。"在各项工程及规划的推动下，生态环境保护颇有成效。生态环境用水逐年增加，尤其是近 5 年增加趋势较大，但占总用水量的比例仍不到 5%，渭河水系统健康仍然处于边建设、边破坏的尴尬境地。近几年，在气候变化和人类活动影响下，渭河流域年降水量和径流量均呈总体下降趋势[1]。引汉济渭工程作为解决关中地区缺水问题的骨干水源工程，建成通水后，才能为退还原来工农业挤占的生态水量创造条件，如工程可调水量不足，水资源条件仍是实施生态文明建设的"短板"。河道生态用水作为渭河流域生态环境建设的基本要素，从哪里来？如何保障？

  20 世纪 80 年代以来，随着流域经济快速发展，人类活动愈加强烈与频繁，陕西省渭河流域已经建成了水利工程 441 座，现状供水能力达 12.85 亿 m³，总库容达 21.79 亿 m³，其中大型水利工程 4 座，现状供水能力达 7.3 亿 m³，总库容达 8.6 亿 m³。水利工程及相关水利设施的建设运行控制和改变了河流的生态系统结构，给河道的边岸滩地、湿地、动植物、水景观、水文情势、水质、水文等带来了负面的生态影响，如河道生态用水被挤占、水环境质量恶化、生物群落多样性降低等。随着流域生态文明建设步伐加快，水利工程的建设和管理主体呈现多元化趋势，涉及利益相关者众多，各类用户间"争水""抢水"将呈现常态化、长期化趋势，当前存在"生态效应根源不明、生态流量底线不清、生态调度方法不灵"等问题。因此，亟须开展面向生态的水利工程协调调度研究，保障渭河流域的生态环境与经济社会的协调发展，响应建设生态文明、改善生态环境的战略需求。

  针对"生态效应根源不明"的问题，以维护生态底线为目的，以生态效应理论为基础，从水文、水质、水生态的角度提出水利工程三级生态效应，构建一套可量化的水利工程三级生态效应评价指标体系，并应用该指标体系对陕西省渭河流域大型水利工程生态效应进行评价。针对"生态流量底线不清"的问题，提出一种计算河道生态流量的新方法——可变区间分析法，在生态基流相对固定的基础上增加一个可变的提升量来确定生态流量，采用该方法估算渭河干流陕西段重点断面生态流量区间；基于成本效益理论，采用层次化用水分析方法确定其他利益主体不同层级用水需求，以陕西省渭河流域九大灌区为例，分析灌区不同典型年最低需水量和适宜需水量。针对"生态调度方法不灵"的问题，提出水利工程服务于生态的协调调度方法，并与传统优化调度方法进行对比分析，验证协调调度方法的合理性和适用性。本书提出的面向生态的水利工程协调调度方法，遵循全面、均衡、可持续的原则，兼顾各方利益均衡，让各利益主体的利益在协调中落实，为推进流域生态保护与高质量发展提供理论参考与技术支撑。

1.2 相关研究进展

1.2.1 水利工程生态效应研究进展

1.2.1.1 国内相关研究进展

"效应"一般指由某种动力或原因所产生的一种特定的科学现象，最早是在物理学中提出来的；近几十年来，"效应"一词在环境科学、生态学等学科中越来越多的使用，如热岛效应、温室效应、生态效应以及焚风效应等[2]。近几年才提出水利工程的生态效应这一概念，并且水利工程生态效应的评价涉及多个学科，如环境学、水文学、生态学、经济学、社会学等，生态效应的影响因素和发生机制相对复杂，不同的国家对于水利工程生态效应的研究在广度和深度上不尽相同。

20 世纪 70 年代末，我国展开了对水利工程环境影响的研究。1988 年以后，与水利工程环境影响评价相关的导则及规范陆续颁布，如《环境影响评价技术导则　非污染生态影响》（HJ/T 19—1997）、《水利水电工程环境影响评价规范（试行）》（SDJ 302—88）、《江河流域规划环境影响评价规范》（SL 45—92）、《环境影响评价技术导则　地表水环境》（HJ/T 2.3—93）等，此外，各种针对工程环境影响的预测模型也已经建立。可见，水利工程环境影响评价体系已相对完善。然而，水利工程对于生态系统的影响作为一项重要内容，并没有得到真正的重视。近些年，生态学被不断应用到其他相关领域，水利工程生态效应的研究日益受到关注[3]。

根据《百科知识》[4]的定义，水利工程生态效应指水利工程的建设和运行对河流生态系统结构和功能产生的各种影响。孙宗凤等[5]认为水利工程生态效应指水利工程建成之后对自然界的破坏和对生态修复两种效应的综合结果。毛战坡等[6]认为大坝生态效应可以用一个复合函数来描述，这个函数指在大坝的不同阶段，诸如规划、建造、设计、大坝泄流等阶段，考虑各项工程治理措施和非工程治理措施，实现整个流域水资源的可持续发展，减轻大坝对河流生态系统的影响，最终达到人与自然和谐共处。侯锐等[7]认为应该从时间尺度、生态空间尺度以及是否考虑人类在工程建设及运行期间的正面作用三个方面来考虑水利工程的生态效应。曹花婷[8]认为水利工程生态效应指水利工程建成之后对原有生态系统带来的损害，以及经过修复所达到的新的平衡状态，是这两种效应的综合结果。尚淑丽等[9]认为水利工程的生态环境效应指水利工程的兴建对生态环境系统产生了影响，受扰动的自然界在生物个体、生物群体和生态环境系统三个层面上做出的响应。魏军[10]认为水利工程生态环境效应指在水利工程建设中，对周边生态系统的结构和功能等方面带来的影响。薛丽敏等[11]认为在水利工程建设过程中，不仅要考虑水利工程的成本以及水利工程最终带来的效益，还要注重生态环境的改变，坚持人与生态和谐共处。饶良懿等[12]认为生态效应指人类活动所引发的自然界生态系统的变化和响应，按其性质可分为正效应和负效应。崔保山等[13]认为水利工程的长期生态效应研究目前大都从水生和陆生生态系统出发，通过局地气候、水文情势、河流水质、生物多样性、地形地貌等的变化来认知。

水利工程生态效应评价指标和方法也正逐渐完善。相震等[14]采用生态学的相关理论对水利工程生态效应进行了评价，并从定量和定性的角度分析得出了直岗拉卡水电站在实施严格的环境保护措施后对生态环境的影响是可以接受的，开始了对已建工程单项因子的评价。房春生等[15]综合分析了水利工程对水文、水质、生物资源、局部微气候、河口生态环境、景观资源的影响以及由工程引起的淹没土地、移民搬迁问题，并从全局观点建立了水利工程生态影响评价指标体系。郭乔羽等[16]采用生物多样性、植物生产量、区域植物生产力和景观格局等生态学理论，对拉西瓦水电站所在区域的生态环境进行了评价。随着对水利工程生态影响的深入认识，水利工程的生态效应评价开始从单项因子评价转变为生态效应评价指标体系的分析及模型的构建。孙宗凤等[5]采用模糊数学的方法建立了以人居环境、自然规律、野生动植物、经济发展为影响因子的水利工程生态效应评价模型，并认为水利工程生态效应评价包括四个方面：对人居环境的影响、对自然规律的影响、对野生动植物的影响、对经济发展的影响。蔡旭东[17]阐述了水利工程生态效应区域响应的机理与层次，构建了评价体系和评价模型，并以飞来峡水利枢纽工程为例进行评价。常本春等[18]建立了水利水电工程生态效应状态－压力－效应（SPE）评价指标体系，采用层次分析法构建了评价模型，并将其应用于澜沧江大朝山水电站生态效应评价中。侯锐[19]建立了由水文情势改变导致的水电工程生态效应评价指标体系，采用层次分析法和人工神经网络法构建了生态效应评价模型，并对澜沧江水电站的生态效应进行了评价。曹花婷[8]将生态效应影响因子分为以下三类：野生生物种群因素（包括浮游动物、浮游植物、底栖生物、鱼类、陆生植物、陆生动物）；非生物环境因素（包括气候、水文、水质、水土流失、土地利用、地质灾害）；人类社会因素（人群健康、景观等旅游资源、迁移人员平均收入增幅、工农业生产条件、投资环境）。姜翠玲等[20]提出目前水利工程生态环境效应评价指标体系的构建主要有两种模式：基于传统的生态环境质量评价方法建立指标体系，包括层次分析法、主成分分析法、模糊评价法、灰色关联度分析法和TOPSIS分析法等；基于压力－状态－响应模式建立指标体系，其理论基础是研究人与自然的相互关系，被广泛应用于环境管理、生态安全评价及决策制定等领域。杨肃昌等[21]运用生态系统服务价值评价当量因子原理及方法构建了相关评价及修订模型，对九甸峡工程的受水电开发影响的库区河流、移民安置区、引水灌区和大气环境等四方面生态系统价值量损益做了评价。柯奇画等[22]构建了西南岩溶区不同尺度下水土保持生态效应评价指标体系，并提出了综合量化模型，对西南岩溶区坡面、小流域和区域尺度的水土保持生态效应进行快速的量化评价。刘斌等[23]利用塔里木河下游的长时间序列野外观测和遥感资料，从输水后流域地表覆盖变化、地下水位、植被覆盖度、景观格局四个方面，对综合治理工程的生态效应进行了较全面的评价；同时，利用收集到的气象和水利工程数据对流域生态环境变化原因进行了初步探讨。饶良懿等[12]首次对水土保持生态效应及其评价的内涵进行界定，对水土保持生态效应评价的尺度和常用评价方法进行归纳总结，为水土保持生态工程及其他国家重大生态工程的成效和效应评估提供借鉴。

1.2.1.2　国外相关研究进展

关于水利工程与生态环境问题存在很大争议，水利工程的建设与运行势必对河流生态系统产生影响：包括河源到大海之间的河道、河岸、河道与洪泛区中有关的地下水、湿地、水景观等各类近岸环境。国际上对水利工程的建设和运行看法不尽相同，这从另一方面反映了经济社会的不同发展阶段。目前，国际上关于水利工程修建这一问题主要存在两种看法：发展中国家主张修建水利工程，认为如果不修建水利工程，将会严重阻碍经济社会的发展；而发达国家则不同意这一观点，认为水利工程的建设和运行会对生态系统造成一定的影响。

水利工程对河水流动的改变最明显、最直接。水利工程的修建是造成河流自然水文情势变化的直接驱动力，包括流量、出现时机、持续时间、频率以及水文条件的变化率等五大要素。越来越多的研究表明，自然水文情势对于河流生态系统健康的维护起到至关重要的作用，大量人类活动造成自然水文情势的变化，最终将导致生态系统的急剧恶化[24]。国外大量的研究将水文要素改变与水利工程生态效应联系起来进行分析，见表1-1。

表1-1　　　　　　　　　　水文情势要素改变所产生的生态效应[25]

水文情势要素组成	具体改变	生 态 效 应	参 考 文 献
流量和频率	变化增多	侵蚀和/或堆积 丧失敏感物种	Cushman[26]，1985；Petts[27]，1984；Kingsolving[28]，1993；Travnichek[29]，1995
		加大对海藻和有机物的冲刷力度	Petts[27]，1984；Gehrke[30]，1995；
		破坏生命周期	Scheidegger[31]，1995
	较为稳定	改变能量流动，外来物种入侵或生存，导致本地物种灭绝、本土有商业价值的物种受到威胁、生物群落改变	Valentin[32]，1995；Kupferberg[33]，1996；Meffe[34]，1984；Stanford[35]，1996；Busch[36]，1995；Moyle[37]，1986；Ward[38]，1979
		洪泛平原上植物获得的水和营养物质减少，导致幼苗脱水、无效的种子散播、斑块栖息地被侵蚀和植物生存所需的二级支流丧失	Duncan[39]，1993；Nilsson[40]，1982；Fenner[41]，1985；Rood[42]，1995；Scott[43]，1997；Shankman[44]，1990
		植物侵入河道	Johnson[45]，1994；Nilsson[40]，1982；Supit[46]，2014
出现时机	季节流流量峰值丧失	扰乱鱼类从事下列活动的信号：产卵、孵卵、迁徙、鱼类无法进入湿地或者回水区、改变水生食物链的结构、使河滨植物的繁衍程度降低或者消失、外来河滨生物入侵、植物生长	Fausch[47]，1997；Montgomery[48]，1993；Nesler[49]，1995；Williams[50]，1996；Junk[51]，1989；Sparks[52]，1995；Power[53]，1992；Wootton[54]，1996；Fenner[41]，1985；Horton[55]，1977；Reily[56]，1982

续表

水文情势 要素组成	具体改变	生 态 效 应	参 考 文 献
持续时间	低流量延长	水生物的集中、河滨物种构成的荒漠化、生理应激引起植物生长速度下降、形态改变或者死亡、生物多样性降低	Cushman[26]，1985；Petts[27]，1984；Taylor[57]，1982；Busch[36]，1995；Stromberg[58]，1996；Kondolf[59]，1986；Perkins[60]，1984；Reily[56]，1982；Rood[42]，1995；Stromberg[61]，1992
	基流"峰值部分"延长	下游漂流性卵的消失	Robertson[62]，1997
	洪水持续时间改变	改变植被覆盖的类型	Auble[63]，1994
	洪水持续时间延长	植被功能类型改变、树木死亡、水生生物失去浅滩栖息地	Bren[64]，1992；Connor[65]，1981；Harms[66]，1980；Bogan[67]，1993
变化率	水位迅速改变	水生生物栖息地被淘汰	Cushman[26]，1985；Petts[27]，1984
	洪水退潮加快	秧苗无法生存	Rood[42]，1995

　　此外，水利工程修建也会带来水质以及水生态等要素的改变。目前为止，全世界已经有大约 60% 的河流经过人工改造，直接导致河流形态的均一化以及不连续化，河流形态多样性的降低直接导致生物群落多样性的减少、大量物种消亡，如河滨植被、鱼类产卵条件发生改变，河流植物的面积减少，两栖动物栖息地改变，避难所消失等。Travnichek 等[68]研究发现水利工程建设运行导致坝下游水温发生变化，水利工程温跃层以下滞水层的水温较低，含氧量较小，从这一水层下泄的水流会给坝下游河流水环境带来影响。在此基础上，Penaz 等[69]发现坝下游水温的降低将会严重影响鱼类产卵以及无脊椎动物的生长周期。Sudduth 等[70]采用 ANOVA 方法探索了河岸结构对大型无脊椎动物及河岸生境的影响，以美国 Peachtree-Nancy Creek 流域为例对四类不同类型的河岸结构进行了对比分析，研究表明生态护岸有利于生境改善和生物群落构建。Martignac 等[71]研究发现在圣米歇尔山附近的库埃农河上通过大坝改造来控制和清除潮水带入海湾的沉积物量，对特定位置的鱼类洄游活动有非常大的影响，同时发现成年鱼会发生适应性反应。毛金龙等[72]发现糯扎渡电站建设会对鱼类资源产生不利影响，影响方式主要包括库区淹没、大坝阻隔、下泄水物理化学性质改变、径流调节等，这些影响主要集中在电站运行期。Guzy 等[73]在美国南卡罗来纳州 Broad 河与 Pacolet 河沿岸选取了 42 个站点，采用层次贝叶斯分析方法评估了大坝的修建对下游河道 245km 内无尾类生物丰富度的影响，研究表明，离大坝距离越远，物种丰富度越高。

1.2.2　水利工程生态调度研究进展

　　水利工程在发挥巨大社会经济功能的同时，对流域生态系统造成了不同程度的负面影响，自然水流经过水利工程调节后，其水生态、水质、水文情势等发生较大变化，水文情势是维护河流生态系统完整性的决定性要素，水利工程的建设与运行对河流生态造成的剧烈扰动直接导致生态系统的恶化。生态调度是伴随着水利工程对河流生态系统健康如何补偿的基础上提出的，国内外学者对此有深入的探索研究。

1.2.2.1 概念与内涵研究

从学术界的定义来看，国外很早就在水库调度运行中考虑生态因素，并且在行动中实践着生态调度的理念。Symphorian 等[74]认为水利工程的生态调度要满足两大需求：一是满足人类对水资源的需求；二是满足生态系统对水资源的需求。水库调度包含多种类型，如供水调度、防洪调度、发电调度、水质调度等，水库调度逐渐将生物栖息地环境、下游堤岸保护、保护水生生物等因素纳入调度范畴，大量的研究已被应用于工程实践中。国外有较强的生态环境意识，生态调度已经列入了日常的流域管理工作中，且管理制度和补偿制度明确。

国内大型水库的调度，也并没有完全忽视生态问题的存在。近些年，随着经济社会的快速发展，人们对于生态系统的认识不断深入，生态调度也受到了广泛的关注。20世纪80年代，方子云等[75]提出通过改变水库调度方式来改善或消除大中型水库对于生态环境产生的影响。董哲仁等[76]认为水库生态调度在实现多种社会经济目标的前提下，兼顾生态保护也成为水库调度的一项重要目标。贾金生等[77]指出补偿河流生态系统对水量、水质、水温等需求是生态调度的主要目标，采用科学的调度方式能够有效减缓下游流量人工化、下泄低温水、过饱和气体等对河流生态系统带来的威胁。汪恕诚[78]强调生态调度是针对水资源配置和调度中的生态提出的，并指出水利工作在规划、建设和运行的过程中，既要发挥经济效益和社会效益，同时也要发挥最优的生态效益。李景波等[79]认为水库生态调度能够应对径流时空分布的不均匀性，为流域内各种生物提供生存发展空间，使其达到动态的平衡，最大限度地降低或消除水库对流域生态的负面影响。黄云燕[80]认为水利工程的生态效益与社会效益和经济效益同等重要，并将水利工程的生态效益提升到一定的高度，在保护河流生态系统健康的同时，还要对筑坝给河流带来的生态环境影响进行补偿。艾学山等[81]认为水库生态调度是指在控制水库的泄流过程中，一方面要考虑水库的综合利用要求，另一方面还要考虑水库下游的河流生态环境需水要求，保护库区的水环境质量要求。谭红武等[82]将生态调度归纳成维系和恢复河流生态系统而采取的多种水利工程调度措施的总称。陈端等[83]认为生态调度是在尽量减少对原有工程目标影响的前提下，通过优化水库调度来满足河流生态系统对流量的需求，从而减少水库调节对生态系统的负面影响。王煜等[84]认为生态调度是水库在实现各种经济效益和社会效益的同时发挥最优生态效益的调度方式，即水库在实现防洪、发电、供水、灌溉和航运等社会经济多种目标的前提下，要兼顾河流生态系统的需求。邓铭江等[85]认为生态调度是维系和恢复河流生态系统而采取的多种水利非工程措施，通过改变传统的水库运行方式，将河流生态保护纳入其中，部分恢复自然水文情势，修复大坝上下游河流的生态系统结构和功能。

可以看出，截至目前，水库生态调度的概念尚不完全统一，但是各类研究都在强调将生态因子纳入到水库调度过程中，综合考虑水库调度所在区域的生态环境需水规律，统筹协调生态环境需水与社会经济用水之间的关系，在兴利除害的同时，还要维持河流生态系统的健康[86]。

1.2.2.2　理论方法研究

1. 生态流量研究

随着城镇化进程的加快，当前我国河流水系面临水资源短缺、水域面积萎缩、水体污染严重、生物栖息地被破坏等突出问题，河流健康生命受到威胁，已成为人类经济社会发展面临的一个严峻挑战。河道生态流量是打造幸福河湖、实现人水和谐的量化指标之一，是维系河湖生态系统结构和功能的基本要素。科学确定河道生态流量尤为重要，是维护河道基本功能、控制水资源开发强度的重要指标和统筹"三生"用水的重要基础，事关河流健康、生态文明建设、高质量发展。

生态流量概念的提出，最早可以追溯到 20 世纪 40 年代初的河道枯水流量[87]、河道基流[88]的研究。50 年代开始了基于流量、流速、水位与水生生物关系的河流生态流量研究[89]，60—70 年代出现了河流生态流量相关的评价和计算方法研究[90]，80 年代以后生态流量的概念已在不同学科领域与行业管理中得到了快速发展，演变出不同的概念与定义。这些概念和定义大致可分为两类。一类是用时段总水量表征流量的概念体系，演化出生态需水量[91-92]、环境需水量、生态环境需水量[93]；此外，从用水管理的角度，还提出了生态用水量[94]、环境用水量[95]、生态环境用水量[96]等不同的概念。另一类是用瞬时流量表征的概念体系，延续了流量的基本概念，发展出不同类型的生态流量[97]和环境流量[98]的概念。

生态流量的计算目前包括四种方法：水文学法、水力学法、生物栖息地法和整体分析法[99]，见表 1-2。其中，水文学法以长系列历史径流数据为基础，采用固定流量百分比作为河道所需流量过程，一般用于参考或方法比对，主要包括 Tennant 法、Texas 法、Flow Duration Curve（FDC）法、Range of Variability Approach（RVA）法、Minimum Average 7—Day（Consecutive）Flow Expected to Occur Once Every 10 Years（7Q10）法、年内展布法、逐月频率计算法、月保证率法、最小平均流量法及 Northern Great Plains Resources Program（NGPRP）法等，该方法简单、方便，但考虑因素单一，准确性较差。水力学法主要依据水力学模型分析流量过程与关键生态过程之间的关系，前提是要有历史流量数据和河道断面参数（水力半径、糙率、水力坡度等），主要包括湿周法、Region 2 Cross（R2—CROSS）法，该方法虽然考虑了水力学因素，但所需参数需要实测，不易操作。在水力学法的基础上，Tharme[100]和 Dunbar 等[101]又开发出满足代表性物种需求的生物栖息地模拟法，该方法从适宜栖息地特征、生态环境状况入手，通过数值模拟建立栖息地面积与流量的响应关系，如 Instream Flow Incremental Methodology（IFIM）法、Computer Aided Simulation Model for Instream Flow Requirements in Diverted Stream（CASIMIR）法和 Physical Habitat Simulation Model（PHABSIM）法，该方法考虑的河流生物物种有限，难以反映河湖生态系统整体状况。随着水资源综合利用及水环境多元化发展，对于生态流量的相关研究已经从单一要素逐渐过渡到考虑多学科交叉的整体分析法，如 Building Block Methodology（BBM）法、Downstream Response to Imposed Flow Transformations（DRIFT）法、Scientific Panel Assessment Method（SPAM）法和 Ecological Limits of Hydrologic Alteration（ELOHA）法等。整体分析法将河湖看作一个生态系统，推荐出一个能同时满足水生生物栖息地、水质水量平衡、景观需水、污染控制及冲淤平衡等多项需求的流量过程，该方法计算精度高，但资料要求高、计算复杂。上述提到的方法至少包括200多种计算方法，涉及全球40多个国家，各种方法在计算河湖生态流量时各自有其的适用条件，侧重点不同，在实际应用中需根据河流情况和资料收集情况合理选择。

表1-2　　　　　　　　　　　　生态流量计算方法分类

分类	方法名称	方法来源	方法应用	优点	缺点
水文学法	Tennant法	Tennant，1976[102]	Jia et al.，2019[103]，Wu et al.，2022[104]	简单、方便	考虑因素单一、准确性差
	Texas法	Matthews et al，1991[105]	Jia，2021[106]		
	FDC法	Stalnaker and Arnette，1976[107]	Tian et al，2019[108]		
	RVA法	Richter et al.，1996[109]	Zhang et al.，2018[110]，Ban et al.，2019[111]		
	7Q10法	Bovee，1982[112]	Wei et al.，2019[113]		
	年内展布法	潘扎荣等，2013[114]	Lin et al.，2021[115]		
	逐月频率计算法	Yu et al.，2004[116]	Li et al.，2007[117]		
	月保证率法	Yang et al.，2003[118]	Wang et al.，2021[119]		
	最小月平均流量法	Wang et al.，2002[120]	Wu et al.，2020[121]		
	NGPRP法	Dunbar et al.，1998[122]	Wang，et al.，2015[123]		
水力学法	湿周法	Gippel and Stewardson，1998[124]	Cheng et al.，2019[125]，Prakasam et al.，2021[126]	考虑了水力学因素	所需参数需要实测，操作困难
	R2-CROSS法	Mosley，1983[127]	Dunbar et al，1998[128]		
生物栖息地法	IFIM法	Richter et al.，1997[129]	Pan et al.，2015[130]	考虑了水文、水力学、水质、底质和生物需求	满足了代表物种的需求，未考虑河流规划及整个河流生态系统
	CASIMIR法	Clayton，2002[131]	Munoz-Mas et al.，2012[132]		
	PHABSIM法	Williams，1996[133]	Fu et al.，2021[134]，Wang et al.，2020[135]		
整体分析法	BBM法	King and Louw，1998[136]	Yang et al.，2005[137]	从保护河流生态系统的完整性出发，全面考虑经济、社会、生态、环境等	所需要基础数据多、计算复杂
	DRIFT法	King et al.，2003[138]	King et al.，2014[139]		
	SPAM法	Thoms et al.，1996[140]	Cottingham et al.，2002[141]		
	ELOHA法	Poff et al.，2010[142]	Ge et al.，2018[143]		

除了上述方法外，还有另外两类方法：结合法和其他法。其中，结合法数量约占总数的16.9%，包括巴斯克法（Basque method）、栖息地评价法和泄洪法（Managed flood release approach）等[144]。其他法大约包括13种方法，大多数基于多元分析理论，应用面

较窄。借鉴国外研究经验，国内学者对上述方法做了改进，对生态流量的研究转向多种方法的耦合，克服单一方法的缺陷。李嘉等[145]通过对河道水力模拟和水生物生境描述等相关理论的研究，结合目标水生生物对水力生境的需求，提出了计算河道最小生态流量的生态水力学法。张新华等[146]通过综合水力学中的湿周法和 R2 - CROSS 法建立了一套简单、适合管理的最小生态基础流量方法——综合法。蒋晓辉等[147]提出了一种将水文学法和栖息地模拟法相结合的新方法——流量恢复法，并将其应用于黄河下游鱼类生态环境需水研究。李咏红等[148]考虑不同阶段保护目标不同，耦合多种计算方法确定河道内生态流量。黄显峰等[149]将物元分析法与水文学法中的 Tennant 法耦合，开展了基于 ME - Tennant 法的生态流量过程评价研究。Xu 等[150]依据鱼类洄游的流速范围，采用生态水力学法计算生态流量。杨志峰等[151]将月保证率法与水文指数法结合起来，提出一种动态生态环境需水计算方法。

可以看出，传统生态流量计算方法及其应用均取得了一定的进展，然而大多数计算方法都有其特定的约束条件，适用面较窄，对于河湖生态流量确定系统性、普适性的框架及做法研究较少，忽略了生态流量的实用性和可操作性。

2. 考虑生态流量的水利工程优化调度模型

关于水利工程优化调度的研究开始于 1883 年，主要围绕防洪、发电、供水、灌溉等社会经济效益目标进行，随着控制理论和优化方法的发展取得了大量的研究成果。水利工程优化调度本质上来说是在众多约束条件和一定解空间内寻找最优解的问题，一个确定的优化调度模型通常具有如下结构：

$$目标函数： \max(or\ min)\ \{F_1(X),\ F_2(X),\ \cdots,\ F_n(X)\} \tag{1-1}$$

$$约束条件： a_{min} \leqslant Constraint(X) \leqslant a_{max} \tag{1-2}$$

式中：X 为多维决策变量，一般为水库下泄流量；$F_i(X)$ 为第 i 个社会或经济效益目标，一般为水利工程发电量最大、缺水量最小等；$Constraint(X)$ 为系统约束条件集；a_{max} 和 a_{min} 分别为约束条件的上、下限值。

社会效益包括防洪、供水、娱乐以及改善区域景观环境等产生的效益。经济效益指发电、工业供水、灌溉、航运等经济活动产生的效益。约束条件通常包括水量平衡约束、水位约束、发电引用流量约束、电站出力约束、流量非负约束等。传统优化调度模型的基本框架由式 (1-1) 和式 (1-2) 共同组成，在决策变量（库水位或下泄流量）确定的条件下，采用优化技术，得到满足各类约束条件下的最优值，并将其作为水利工程的优化调度方案。

传统水利工程优化调度仅考虑了社会效益与经济效益的最大化，忽视了河流生态系统的用水需求。考虑生态环境流量需求的水利工程优化调度模型通常有三种形式：一种是在传统优化模型的约束条件中加入生态环境流量的约束条件；另一种是在传统优化模型的目标函数中加入生态环境流量的目标；还有一种是通过推求生态环境流量的经济效益，形成生态价值目标。因此，考虑生态环境流量的水利工程优化调度模型包括约束型、目标型和价值型这三种优化调度模型[83]。

A. 约束型调度模型

约束型生态调度模型指在约束条件集中加入下泄流量约束作为保证河流生态环境需水

的方式，见表 1-3。依据不同的生态环境流量选择，可将模型进一步细分为最小生态环境流量约束型模型（Minimum Eco-environmental Flow，MEF 模型）、目标物种适宜生态环境流量约束型模型（Calculated Eco-environmental Flow，CEF 模型）、综合生态环境流量约束型模型（Integrated Eco-environmental Flow，IEF 模型）。

表 1-3　　　　　　　　　　　　　　约束型生态调度模型分类

分类	目标函数	约束条件	优点	缺点	参考文献
MEF 模型	$\max(\text{or min})\ \{F_1(X),$ $F_2(X),\ \cdots,\ F_n(X)\}$	$a_{\min}\leqslant \text{Constraint}(X)$ $\leqslant a_{\max};\ Q_t+S_t\geqslant \text{MEF}(t)$	建模成本低，容易实现，应用较广	生态系统的保护效果多受质疑	Chen 等[152]，2010；梅亚东等[153]，2009；Gao 等[154]，2021；Ren 等[155]，2017
CEF 模型	$\max(\text{or min})\ \{F_1(X),$ $F_2(X),\ \cdots,\ F_n(X),$ $E(X)\}$，其中 $E(X)$ 为生态环境流量目标函数	$a_{\min}\leqslant \text{Constraint}(X)$ $\leqslant a_{\max};\ Q_t+S_t\geqslant \text{CEF}(t)$	针对性强，对特定的物种具有很好的保护效果	建模成本高，需要大量数据，此外还要甄选目标物种	Chen[156]，2010；许可等[157]，2009；康玲等[158]，2010；Dai[159]，2022
IEF 模型	$\max(\text{or min})\ \{F_1(X),\ F_2(X),$ $\cdots,\ F_n(X),\ E(X)\}$，其中 $E(X)$ 为生态环境流量目标函数	$a_{\min}\leqslant \text{Constraint}(X)\leqslant$ $a_{\max};\ Q_t+S_t\geqslant \text{IEF}(t)$	针对多个目标，反映河流综合需水	建模成本高，需要大量数据	胡和平等[160]，2008；Xu 等[161]，2017

B. 目标型调度模型

目标型生态调度模型是将生态环境需水作为其中的一项目标，为保护流域生态系统健康，关注水利工程经济效益与社会效益的同时，将生态效益提升到了一定的高度，要求对水利工程给河流造成的生态环境影响进行补偿，生态目标的合理表述是该模型的一大难点，通常具有如下结构：

$$\text{目标函数：}\max(\text{or min})\ \{F_1(X),\ F_2(X),\ \cdots,\ F_n(X),\ E(X)\} \tag{1-3}$$

$$\text{约束条件：}\quad a_{\min}\leqslant \text{Constraint}(X)\leqslant a_{\max} \tag{1-4}$$

其中的关键问题是如何定量描述模型中生态环境流量目标［CEF(t) 或 IEF(t)］，自然河流水文范式理论为解决这一问题奠定了理论支撑，将河道流量的自然变化作为维系流域环境以及生物多样性的关键驱动因素。Suen 和 Eheart[162] 为了协调社会利益和最小河流干扰度，采用 IDH 原理建立了一种多目标优化模型，应用该模型能够得到多目标的最优解。RVA 法包含 32 个水文指标，诸如河流流量、频率、时间、延时等，通过量化这些指标的改变度衡量水利工程的建设运行对自然河流水文情势的扰动[163]。为简化 RVA 的计算过程，Shiau 等[164] 将整体改变度函数与水库供水失效率目标结合构成了多目标函数，为了求得 Pareto 最优解，将水文改变度最小作为目标函数，应用 RVA 法评价了高屏水库的河流水文情势。Ai 等[165] 将生态用水保证率指标（GREW）应用于生态河道管理，对以往水库调度规则进行改进，构建了基于双控管理指标的水库生态调度规则优化模型。Zhang 等[166] 为了研究水电站生态调度对发电的影响，建立了最大发电模型（Model-Ⅰ）、最小生态变化模型（Model-Ⅱ）和多目标优化调度模型（Model-Ⅲ）三种优化调度模型。

C. 价值型调度模型

价值型生态调度模型从河流综合管理和经济视角研究水库的优化调度，生态环境流量具有相应的成本与收益，与调度模型的其他成本收益共同构成 Cost - Benefit 模型。该模型也是一个多目标优化问题，通过经济模型演化而来的，在效益成本计算过程中，将生态环境流量的生态服务价值考虑进去，实现目标函数的综合效益最大化，通常具有如下结构：

$$目标函数：\max\{Economic(X)\} \tag{1-5}$$

$$约束条件：a_{\min} \leqslant Constraint(X) \leqslant a_{\max} \tag{1-6}$$

式中：$Economic(X)$ 为水库目标货币化后的经济函数，该模型能够反映水利工程的整体经济效益。

诸葛亦斯[167]建立了生态价值目标调度模型，河流生态系统服务功能综合效益最大化是该模型的目标函数，综合效益包括了水电资源、潜在娱乐文化、淡水渔业、水电资源等。Bryan 等[168]建立了综合管理经济优化模型，将水文、生态、社会和经济价值整合，并将其应用与墨累河流域。张代青等[169]基于河道流量生态服务效应和河流生态系统服务效用特征，以河道流量为决策变量，探讨了水库生态价值优化调度模型的建立及仿生算法的求解，开展了新丰江水库生态价值优化调度模型建立及蜂群算法求解研究。

上述三种模型中，约束型生态调度模型将生态环境流量作为约束条件嵌入优化模型，将多目标优化问题变为单目标优化问题。目标型生态调度模型更符合多目标水利工程优化调度问题，缺点是其求解往往对水库的社会经济利益带来一定影响。价值型生态调度模型难点在于生态系统服务功能价值的计算，虽然方法较多，但成果差异较大。

3. 模型求解方法研究

兼顾生态保护的优化调度模型其实质是建模与优化求解，与传统优化模型相比，模型优化算法的研究较为复杂。目前模型优化算法可以分为三类（见表 1 - 4）：基于数学理论的优化算法，基于进化理论的优化算法，将上述两种方法相结合形成的混合型优化算法。

表 1 - 4　　　　　　　　　　　　模型优化算法

分类	优化算法	优　点	缺　点	参考文献
基于数学理论的优化算法	线性规划算法	不需要初始解；结果收敛于全局最优解	需对非线性目标函数和约束条件进行线性化处理	Shim et al.[170]，2002；Chen et al.[171]，2018；Yue et al.[172]，2022
	非线性规划算法	能处理不可分目标函数和非线性约束	优化速度比较慢	李寿声等[173]，1986；Yin et al.[174]，2022；Hermida et al.[175]，2018
	动态规划算法	对目标函数和约束条件没有线性、凸性甚至连续性的限制；可得到全局最优点	存在维数灾问题	董增川等[176]，1990；Yves et al.[177]，2021；Rani et al.[178]，2020；Wu et al.[179]，2018
	大系统分解协调算法	有效处理多阶段问题中各阶段方案间的协调问题	计算速度、收敛性及全局最优性	Pan et al.[180]，2020

续表

分类	优化算法	优　点	缺　点	参考文献
基于进化理论的优化算法	遗传算法	具有并行计算和全局最优搜索能力；适宜求解复杂的多维非线性优化问题；在水库优化调度中应用广泛	有可能早熟或陷入局部最优解	Holland et al.[181]，1975；Chen et al.[182]，2020；Thomas et al.[183]，2021；Seetharam et al.[184]，2021
	粒子群算法	简单易于实现；计算效率高；并行处理能力强	易陷入局部最优解	Eberjart et al.[185]，1995；Dobson et al.[186]，2019；Feng et al.[187]，2019；Diao et al.[188]，2022
	蚁群算法	通用性强；鲁棒性好；具有并行搜索能力	计算速度一般	徐刚等[189]，2005；Sharifazari et al.[190]，2021；Asvini et al.[191]，2017
	神经网络算法	适合求解高度非线性问题、具备并行计算能力	收敛速度慢、局部极小化	胡铁松等[192]，1995；Kumar et al[193]，2017
	人工蜂群算法	控制参数少、易于实现、计算简单	早熟收敛、容易陷入局部最优和进化后期收敛较慢	Yu et al.[194]，2022
	模拟退火算法	计算过程简单，通用，鲁棒性强，适用于并行处理，可用于求解复杂的非线性优化问题	收敛速度慢，执行时间长，算法性能与初始值有关及参数敏感等缺点	Azizipour et al.[195]，2020
	狼群算法	全局收敛性和计算鲁棒性，适合高维，多峰的复杂函数求解	容易陷入局部极值、计算耗费大、学习能力差	Yang et al.[196]，2007
	差分进化算法	鲁棒性更强、收敛速度更快	全局优化搜索能力差	Zou et al.[197]，2017；Hui et al.[198]，2010
混合型优化算法	遗传混合算法	快速收敛到全局最优解；有效性高、鲁棒性好	尚不清楚	Deb et al.[199]，2002
	贪婪随机自适搜索算法	计算速度快，优化效率高	尚不清楚	Feo et al.[200]，1989

目前，国内外学者围绕水库多目标优化调度开展了一系列研究，针对多目标构建了不同的调度模型，提出了相应的求解方法。M. Janga Reddy 等[201]采用多目标进化算法（MOEA）解决了印度 Bhadra 水库的发电、灌溉以及下游用水的多目标调度问题。陈洋波等[202]建立了水库优化调度多目标数学模型，年发电量最大和保证出力最大是该模型的目标函数，采用约束法和决策偏好的交互式多目标优化方法作为求解该模型的方法。覃辉等[203]将多目标差分进化算法应用于三峡水库多目标防洪调度中，并将该方法的计算结果同 Pareto 强度进化算法和非支配排序遗传算法Ⅱ做了对比，结果表明目标差分进化算

法的精度高于其他两种方法。可以看出，目前关于水利工程调度模型的求解方法的研究已相对成熟。

1.2.2.3 应用实践研究

目前，国外水库生态调度已经从理论研究步入到了实践和应用阶段。自 20 世纪 30 年代起，在哥伦比亚河及斯内克河下游，美国陆军工程师团相继修建了 8 座大型水电站，为了保护鱼类的正常生存，采用多种工程措施修建了鱼类洄游通道[204]。为鱼类产卵创造了条件，1970—1972 年，南非潘勾拉水库连续多次制造了人造洪峰[205]。美国环保署于 1977 年颁布了《联邦水污染控制法修正案》，首次提出了可持续河流管理理念，该理念强调人与自然的和谐共处，同一时期内，一大批反对建设大坝的观点涌现出来[206]。20 世纪 80 年代，美国联邦政府资源质量监测研究委员会指出，要将水质和与其用途联系起来考虑，既要考虑化学指标，也要考虑栖息地质量、生物完整性、生物多样性等[60]。自 1990 年起，在哥伦比亚河流域，将生态因素纳入水利工程调度过程中，以满足鱼类种群的产卵需求[207]。1991—1996 年，美国田纳西流域管理局（TVA）对 20 座水库的调度方式进行优化调整，将下游河道的最小流量和溶解氧标准作为衡量指标，从而提高水库泄流的水量和水质[208]。2002 年美国陆军工程师团明确指出，在水库运行方案设置中需要将河流生态环境需水作为一项约束条件。2004 年 5 月 TVA 董事会批准了一项新的河流水库系统调度政策，即将 TVA 的水库调度视点从简单的水库水位升降调节转移到运用其所管理的水库来管理整个河流系统的生态环境需水。

乌克兰德涅斯特河中游大型水库建成之后，坝下游河道水量锐减，水文、生态情势发生了很大变化。1991—1992 年，为了改善德涅斯特河的水生态环境，提高生物多样性，改善鱼类产卵条件，采取生态放水的工程措施，成功地为河口众多湖泊补充了大量水源[209]。墨累—达令流域一共建有大型水利工程 90 多座，国际重要湿地 8 个，为了有效遏制流域河流健康状况恶化的局面，于 2001 年提出了《2001—2010 年墨累—达令流域流域综合管理战略——确保可持续的未来》，该战略的主要目标是河流、生态系统和流域健康，这一战略目标取得了积极的效果[210]。

国内在水库生态调度的实践方面也做了大量的探索。在水利部、黄河水利委员会、新疆维吾尔自治区领导下，塔里木河综合治理工程于 2000 年 4 月开始实施，截至 2010 年 10 月，成功地完成了生态应急输水达 10 次以上，将博斯腾湖的水引到塔里木河下游，下游水量明显增加，使得下游河道断流近 30 年成为历史，塔里木河下游生态环境得到初步修复和改善。1972 年，黄河干流接连出现断流现象，1999 年为确保黄河不断流，黄河流域开始实施统一调度，对黄河全流域的用水量统一分配。自 2002 年以来，为保证黄河下游各类用户的用水需求，保证黄河不断流，对三门峡、小浪底和万家寨这三座大型水库实施联合调度，通过数次弃电供水，有效地避免了黄河干流断流[211]。

2001 年，国家投资建设了扎龙湿地应急调水工程，在 2001 年 7 月至 2005 年 4 月期间，从嫩江向扎龙湿地成功补水 10.5 亿 m^3，使得湿地的生态功能恢复良好，生物多样性得到有效的保护。长江是四大家鱼的天然原产地，四大家鱼产卵期需要洪峰和流速的刺激，由于三峡库区的修建，导致河道内水流流速变缓，四大家鱼幼鱼量急剧减少。为促进四大家鱼产卵繁殖，中国长江三峡工程开发总公司于 2005 年启动了"四大家鱼产卵繁殖生态调度"项目，通过开闸放水为四大家鱼的繁殖提供洪峰过程，有效地促进了四大家鱼的产卵繁殖[212]。2007年，太湖地区实施"引江济太"，积极应对太湖、梅梁湖等湖湾大规模蓝藻暴发，有效改善水资源供给条件和太湖及河网水质[213]。中国长江三峡集团公司自2011年至今，通过三峡水库的人造洪峰调度，连续11年实施针对四大家鱼自然繁殖的生态调度实验，有效促进了四大家鱼的产卵繁殖活动[214]。2014年，陕西省水利厅下达指令限制宝鸡峡引水发电，向河道下泄生态流量，开展生态调度，有效提高渭河干流生态流量保证率[215]。2020年和2021年丹江口水库展开针对丹江口至王甫洲区间水草防控的生态调度试验，有效改善汉江中下游的水生态环境，并且有效抑制丹江口—王甫洲区间水草过度生长[216]。2000年至今，在塔里木河和额尔齐斯河开展大尺度生态调度，生态修复效果显著。在塔里木河下游实施双通道、汊河和面状输水的同时，提出采用"沟汊渗灌"方式，可快速补给地下水，形成"地下生态水银行"及生态修复平台，可扩大受水区范围，提高生态系统的稳定性。在额尔齐斯河采用多尺度耦合的生态调度模式，初步形成"七库一干"、"三次脉冲"、漓漫灌溉、河湖联通、水网通达、水势漫溢的河谷林草生态灌溉体系，并且经过多年实践，形成了科学化、系统化、制度化的生态调度管理体系[217]。上述生态调度实践使得生态环境得到明显改善，为保护生态环境与人水和谐做出了巨大贡献。

1.2.3 水资源需求预测研究进展

国外需水预测研究起步较早，美国南北战争结束后，大量城市重建、工业化进程迅速发展，供需水矛盾突出，人们开始考虑用水发展的需求。1965年，美国开始了第一次全国水资源评价工作。1978年，美国开始了第二次全国水资源评价工作[218]。20世纪60年代开始，日本每10年进行一次国土规划，并将需水预测作为国土规划的重要依据。之后，美国、法国、加拿大等国家也相继开展了需水预测工作。1977年，在阿根廷召开联合国世界水会议，会议上号召各国展开水资源评价活动。1992年，《21世纪议程》探讨了水资源在可持续发展中的重要性，对于水量需求预测的研究有很大的推动作用[219]。此后，世界各国陆续展开了需水预测研究工作。

国内对于需水预测的研究大致可以分为四个阶段：1950年以前为第一阶段，当时我国经济落后，城镇供水系统低下，工业基础相当薄弱，农业的主要水源为降水，需水预测的研究尚未展开；20世纪50年代初期至60年代中期为第二阶段，当时农业发展速度快，农业灌溉面积、农业用水量都翻了一番，需水预测研究主要针对灌溉展开；20世纪60年代中期至70年代末为第三阶段，随着农业灌溉用水的迅速增加，生活用水和工业用水也有了很大的增长，需水预测研究开始展开，但是需水预测的方法尚不合理；20世纪80年代至今为第四阶段，随着我国城市化和工业化的发展，各行业用水量急剧增加，需水压力导致传统用水户间的用水竞争，生态保护成为这一竞争的新主体，这一阶段出现了大量需水预测的方法[220]。

目前，国内外需水预测的方法有很多种，按照是否采用数学模型可以分为：定量预测法和定性预测法。其中定量预测法包含时间序列法、系统分析法、结构分析法、宏观经济模型法，定性预测法包括基于用水机理的需水预测法和用水定额法。每种方法都有其优缺点，见表1-5。

表 1-5 需水预测方法及其优缺点

分类	预测方法	优 点	缺 点	参考文献
时间序列法	指数平滑法、趋势外推法	应用方便	用水机制不明确	何文杰等[221]，2001；张成才[222]，2009；张文达[223]，2021
系统分析法	人工神经网络法	适用于短期预测	不适合长期预测	刘洪波等[224]，2002；王坚[225]，2016；马创等[226]，2020；
	灰色预测法	适用于长、短期预测、需要的数据量少	数据离散程度大时，预测精度差	马溪原等[227]，2008；宋帆等[228]，2018
结构分析法	回归分析法	适用于长期预测	不适合短期预测	龙德江[229]，2010；张雅君等[230]，2002
	人均需水量法	使用简单	难以合理确定人均用水量指标	柯礼丹[231]，2004
宏观经济模型法	宏观经济模型法	从经济的角度研究需水规律	基础数据多、计算复杂	许新宜等[232]，1997；秦欢欢等[233]，2018；余亚琴等[234]，2006
基于用水机理的需水预测法	基于用水机理预测法	深入了解用水机理和未来发展趋势	难以用科学方法进行定量描述	汪党献[235]，2002
用水定额法	用水定额法	直观、简单易行	误差较大	左其亭等[236]，2005；杨万民[237]，2017；申金玉[238]，2017

上述各种方法都有其特定的使用范围和局限性，在具体分析时应根据每种预测原理及模型所适合的预测对象进行优选。总的来说，一般水量预测基本处于偏大的状态，这也是多方面原因所致，如数据统计机构的不健全、预测方法的局限性、需水预测的不确定性、对供水能力的考虑不足等。但随着水资源短缺问题的日益突出，对需水预测的精度要求逐渐提高。因此，仍需进一步探索研究需水量预测方法问题。

1.3 存在问题

虽然水利工程生态效应和生态调度逐渐得到认可和重视，但是实际操作中还存在诸多困难，影响对流域生态健康的保障，主要体现在：

（1）缺乏可量化的水利工程生态效应评价指标体系。水利工程生态效应评价涉及生态环境、社会和经济三大系统，为了突出评价的系统性和整体性原则，水利工程生态效应指标体系的建立涵盖了众多领域，导致出现指标体系操作性不强、适用性不足、难以量化等问题，缺乏一套科学的、简洁的、实用性强的评价指标体系。此外，水利工程生态效应的评估要从根本上认识产生生态效应的根源，需要确定主导因子，以维护生态底线，为生态环境保护目标的制定以及河道生态流量的研究提供切实可行的参考。

（2）强竞争条件下多利益主体静态的、单一层次的水量需求难以协调落实。在有限的水资源条件下，多利益主体之间用水高度竞争，河道生态流量难以保障。生态流量是一个科学概念，更是一个管理工具，时空尺度变化、来水变化、服务对象变化、计算方法变化、调配决策变化等因素都决定了生态流量是一个动态变化的量，生态流量的确定应当逐步从静态到动态，更好适应发展变化。此外，现有单一层次的水量需求在水资源短缺和用水竞争激烈的流域及区域已经与实际脱节，难以协调地区间、部门间竞争性用水的局面，有必要对多利益主体进行层次化用水分析，以更好地适应竞争性用水的需求。

（3）缺乏适应强竞争条件的多利益主体协调调度方法研究。对于生态调度而言，无论利益主体的多寡，其最终目的是获取调度方案为管理部门提供决策支持。强竞争条件下的调度方案往往盲目追求效益最大化，忽视了全面、协调、可持续的原则，科学决策就是要通过科学的方法获得一个合理且可行的调度方案。适应强竞争条件的核心是合理竞争，协调利益主体诉求，强调个人利益又兼顾集体利益。关键是建立一种协调调度方法，从而实现一个"有约束力的妥协"。目前尚缺乏具有合理性和适应性的协调调度方法，将利益主体信息、水库信息、协调机制、调度模型、决策过程相互关联，灵活控制，适应多变。

1.4　研究内容与技术路线

本书针对水利工程生态调度问题，紧扣"生态效应根源不明、生态流量底线不清、生态调度方法不灵"三个根本性问题，开展面向生态的水利工程协调调度研究，重要内容包括以下几个方面：

（1）水利工程生态效应评价指标体系研究。分析生态效应的内涵与分类，初步建立生态效应综合评价指标体系，界定水利工程生态效应的内涵和特点，分析水利工程与生态环境系统、社会系统、经济系统的关系。以维护生态底线为目的，从水文、水质、水生态的角度提出水利工程三级生态效应，对其相互作用关系进行研究，建立一套基于水文情势改变而引发的水利工程生态效应三级评价指标体系，包括核心指标和扩展指标两部分，提出指标体系的评价标准。以陕西省渭河流域为例，分析流域内大型水利工程的生态效应。

（2）可变区间分析法确定河道生态流量。对生态流量相关概念进行辨析，从可操作、可管理的角度对生态流量进行重新定义，提出可变区间分析法确定河道生态流量的内涵。以陕西省渭河干流为例，在生态环境功能分区的基础上，选择生态环境功能断面，提出重点断面的生态环境保护目标，计算重点断面的生态基流区间及其对应生态服务对象需水量，包括渗漏量、蒸发量、鱼类需水量、产卵期流量脉冲、水景观需水量、输沙需水量和自净需水量等，确定渭河干流重点断面的生态流量区间。

（3）强竞争条件下的层次化用水分析。基于传统需水预测方法，从成本效益理论出发，分析用水量、成本及效益之间的关系，考虑用水过程不同阶段成本与效益间的敏感程度，提出层次化用水的内涵，遵循用户需水级别的划分原则，对各类用户进行需水级别划分，分析不同层级用户用水的优先级关系。以陕西省渭河流域为例，对九大灌区作物种类和灌溉制度进行分析，确定不同作物的关键生长期，分析灌区适宜灌溉需水量和最低灌溉需水量，并以宝鸡峡灌区为例，分析不同层级灌溉需水、河道生态流量与发电引水之间的优先级关系。

（4）水利工程服务于生态的协调调度理论与建模。提出区间化内涵和区间化协调理

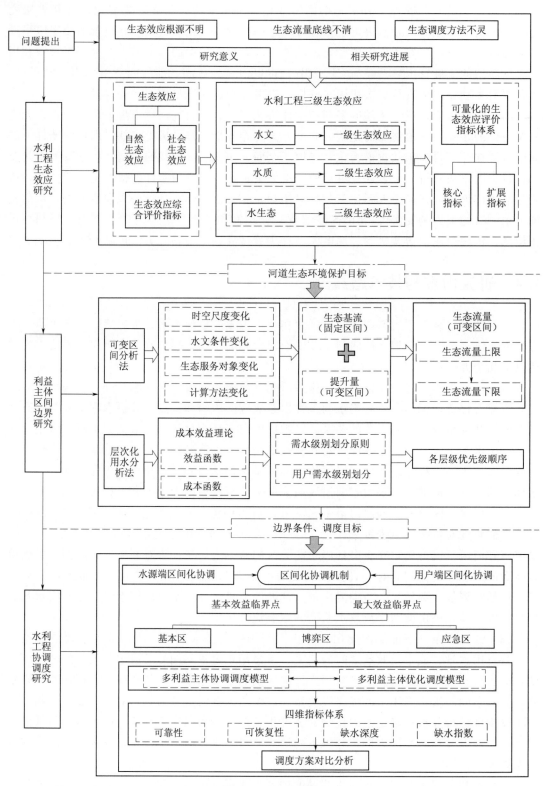

图 1-1 技术路线

念，构建区间化协调机制，包括用户端协调机制和水源端协调机制，提出水库多利益主体协调调度（MSCOR）方法，构建水库多利益主体协调调度模型，建立水库调度性能四维评价指标，对比传统水库多利益主体优化调度（MSOOR）方法，构建水库多利益主体优化调度模型，为典型工程协调调度与优化调度对比分析提供理论支撑。

（5）协调调度方案与优化调度方案对比分析。将宝鸡峡水库的优化调度方案与协调调度方案进行对比，分析两种调度方法下各典型年 Pareto 非劣解集中的典型方案：最大灌溉效益方案和最大生态效益（最小生态 AAPFD 值）方案，将不同典型年多利益主体 Pareto 解集作为多属性决策的备选方案集，构建四维评价指标体系，对各典型年的方案集进行排序、淘汰与选择，得到各典型年的推荐调度方案，对两种调度方法的推荐调度方案进行对比分析，验证协调调度方法的合理性和适用性。

本书研究技术路线见图 1－1。

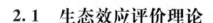

2

水利工程生态效应评价指标体系研究

2.1 生态效应评价理论

2.1.1 生态效应内涵及分类

"生态效应"最初的定义指不利于生态系统进化的现象[239]。《中国大百科全书-环境科学》中指出，生态效应指由于人类活动导致的环境污染以及破坏造成的生态系统结构及功能的改变[240]，这一概念重点强调人类生产活动对生态系统带来的负面效应。蔡旭东[241]认为当人类活动或自然环境变化参与到区域生态系统的物质循环中时，系统的结构、组成和功能会受到不同程度的影响，这种影响所带来的区域生态系统中的响应，即为生态效应。

文献[70]中根据生态效应的响应结果和响应原因将生态效应划分为两大类型。按照响应结果来分，包括生态正效应和生态负效应。生态正效应指由于人类各种活动或自然环境的变化，使得生态系统结构趋于稳定、系统功能趋于强大、系统组成成分趋于全面。例如，植树造林能够防止水土流失，大大改善生态环境，减轻洪涝灾害。生态负效应指由于人类活动的干预或自然环境的改变，使得系统结构变得不稳定，甚至被破坏，系统的功能退化，甚至完全丧失，系统组成成分变得单一，甚至消失，例如废污水的肆意排放，导致水体水质变差。按照响应原因来分，生态效应包括污染生态效应和非污染生态效应。污染生态效应指由于人类活动，导致环境受到污染，致使生物的生存条件变坏，如二氧化氮、二氧化硫等气体的排放导致空气质量变差。非污染生态效应是指非污染性的破坏所产生的生态效应，如兴建水利工程、森林砍伐、植树造林等。

随着人类社会活动强度和广度的不断加强，人类活动对于生态环境系统的影响不断增强，生态环境系统对人类活动的反作用也越强，可以说产生生态效应的根源主要有两方面：一是人类活动的干扰，二是自然环境的变化。正是由于这些干扰或者变化，导致生态系统结构及其功能的变化，由此产生了生态效应。本书从是否受到人类干预的角度将生态效应划分为自然生态效应和社会生态效应两种类型：自然生态效应指原始的、纯粹的自然环境变化所产生的生态效应；社会生态效应指人类干预自然环境后所产生的生态效应。此分类进一步提升了生态效应的内涵，有效地协调了经济社会发展与生态环境保护之间的矛盾，将自然与人类的相互作用有机地结合起来。

2.1.2 生态效应评价的理论基础

（1）生态学理论。生态学主要研究的是生物及其所处环境之间的相互关系与相互作用机制。人口的急剧增加，人类社会的不断进步，工业化城镇化进程的加快，对环境和资源产生的威胁越来越大，生态系统严重失调、资源枯竭、环境日益退化、人口急剧膨胀等问题亟待解决，生态学理论能够有效地协调人口与自然、资源与环境之间的关系，保障经济社会的可持续发展。

（2）生态经济学理论。生态经济学的研究对象包括两大系统——生态系统和经济系统，两大系统之间相互作用，从而形成了生态经济系统。传统的生态学以自然界的动植物为研究对象，主要研究两者之间的相互作用关系，传统的经济学以商品为研究对象，主要研究商品之间的相互作用关系。与传统的经济学和生态学不同，生态经济学以生态学原理作为基础，以经济学理论作为指导，侧重于研究人类经济活动与生态之间的相互作用关系，包括四大组成成分——物质循环、能量流动、信息传递以及价值增值，通过这四大成分之间的相互关系研究，以期实现社会、经济、生态的可持续发展[242]。

（3）可持续发展理论。可持续发展这一理论由 Brundtland 夫人于 1987 年在《我们共同的未来》中提出，该理论的核心内容是面对当前经济社会快速发展局势，如何满足生态环境的承载能力，如何协调人口、环境、经济、社会以及资源之间的关系。可持续发展的内涵包括多方面的内容：高效发展、持续发展、公平发展、共同发展。所谓高效发展强调的是如何在人口、环境、经济、社会、资源相协调的同时，达到高效发展。所谓持续发展是要控制人口过快增长、保护生态环境、持久利用资源这一大前提之下，进行人类的各项经济活动，将环境因素作为经济决策过程中首要考虑的内容。所谓公平发展指本代人之间的公平和代际之间的公平。所谓共同发展强调系统整体性这一概念，系统由多个子系统共同构成，一个系统出现问题，直接或间接地对其他系统产生影响，即要实现共同发展[243]。

2.1.3 生态效应综合评价指标体系

根据上述对生态效应内涵的分析，本书依据科学性、系统性、客观性的原则提出了生态效应综合评价指标体系，如图 2-1 所示。将生态效应评价分为自然生态效应评价和社会生态效应评价两大类，其中自然生态效应评价又包括非生物评价和生物评价两大类，非生物评价包含了局地气候、水文、水质、地质地貌等，生物评价包含了陆生生物和水生生物等；社会生态效应评价包括了人类索取自然资源评价和人类社会系统自身活动评价两大类，人类索取自然资源评价又包含了围湖造田、过度放牧、乱砍滥伐、废污水排放等，人类社会系统自身活动评价又包含了水利工程建设、城市化建设、工业区建设、公路建设、水土保持工程、水景观建设等。上述每一项又可以继续向下划分为不同的评价指标。

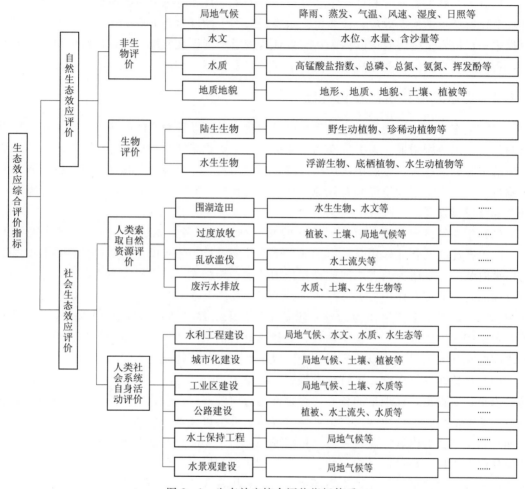

图 2-1 生态效应综合评价指标体系

可以看出，生态效应评价涉及内容广泛而又复杂，既有有利影响，也有不利影响，诸多评价内容之间相互作用、相互联系，反映生态效应的综合评价指标往往在信息上有所重叠，在概念上有所重复。此外，由于评价内容的广泛性，资料收集难度很大。因此，为了尽量避免计算综合评价时多重共线性导致个别指标权重过大，评价结果有偏差，以及资料收集对评价工作带来的困难，通常会缩小评价范围或者尽量避免出现重复指标。

2.1.4 水利工程生态效应评价目的

生态系统除了受到自身本底值的影响，大规模的人类活动也对生态系统产生影响，原有的生态系统被打破，生态系统通过自然修复与调节，最终达到新的平衡状态。水利工作为人类活动用水与天然水循环的连接点，其建设与运行能够产生社会效益、经济效益和生态环境效益。其中，社会效益和经济效益是有目共睹的，如缓解国家能源紧缺、改善交通、保护人民生命财产安全等。然而，水利工程也直接或者间接的带来负面的生态环境影响，如河流连续性遭到破坏、水体污染、水质恶化、生物多样性下降等。汪恕诚[244]指出，在水利工程的建设和运行过程中，要高度关注水利工程生态影响这一问题，既不能因为其带来的不利影响停止工程建设，也不能故意掩盖矛盾，留下隐患。水利工程生态效应的评价是在工程运行后进行的，客观准确地评估水利工程对生态环境的影响，分析这些影响产生的原因和规律，并提出一套科学的、合理的、实用性强的生态效应评价指标体系，可为水利工程的运行管理提供可靠依据，提升工程开发的可持续性。

2.2 水利工程生态效应评价理论

2.2.1 水利工程生态效应内涵与特点

2.2.1.1 水利工程生态效应内涵

水利工程的修建使原有自然生态系统的组成与结构发生改变，概括起来有四种情况——通道阻隔、径流调节、工程淹没、水库水温结构变化，上述表现在生态系统中的响应，就是水利工程生态效应。水利工程生态效应的研究在国内是近几年才兴起，文献[5]～[8]等对水利工程生态效应的内涵进行了分析，同生态效应类似，水利工程生态效应的客观解释也包含了两个方面：水利工程的生态修复效应和生态破坏效应。前者也即水利工程的生态正效应，指由于水利工程的修建，使得现有水流运行规律发生改变，河道水质改善、河流浅滩恢复，新的湿地形成。后者即水利工程的生态负效应，指水利工程直接对河流水生态系统产生的不利影响，如生态系统结构显著改变、水流紊乱、生产能力降低等，从而引发一系列的环境问题。

因此，对于水利工程生态效应内涵的理解包含两个方面，既要关注其对生态造成的破坏，同时还要关注水利工程对于生态环境带来的修复。从上述开展水利工程生态效应评价工作的目的来看，要着眼于水利工程的生态负效应，提出减轻或者消除生态负效应的措施和方法，包括生态修复技术、工程措施及非工程措施等，从而使生态系统朝着对人类有利的方向发展，这也是水利工程生态效应评价的最终目标。

水利工程生态效应评价与已有的环境影响评价既有联系又有区别。水利工程影响评价作为一项已经开展很长时间的实际工作，从最早关注工程对环境系统的影响，逐步涉及工程对生态系统的影响。

水利工程生态效应评价与环境影响评价的区别包含三个方面：

（1）评价目标和体系不同。水利工程环境影响评价是以工程对环境影响为目标，其构建的指标体系包括各个方面，虽然其中包含生态效应，但范围不够全，需要与其他指标共同综合体现，不能准确地反映水利工程对生态系统的响应，生态效应评价则是系统地从生态学概念入手，构建指标提出影响效应。

（2）评价内容不同。水利工程环境影响评价内容包含社会影响和自然影响两类，主要针对水利工程对所在区域大气、水、土壤、植被等的污染状况和质量等级，这些评价内容在一定程度上忽视了水利工程对流域生态系统造成的更为敏感和不可逆的影响[245]，缺乏被影响的自然社会环境对人类生存与发展的反馈作用研究。水利工程生态效应评价具有系统性特征，将水利工程整合到一个复合的生态系统中，分析水利工程对生态环境带来正面效应和负面效应，为工程的保留与否、功能改善、调度模式改变等提供科学依据[246]。

（3）评价可靠性不同。水利工程环境影响评价工作一般多在工程初步设计阶段或在工程的可行性研究阶段进行，由于复杂水资源系统存在各种不确定性因素，如降雨在时空上的不确定性、不同时期用户对水量需求的不确定性[247]，对工程的功能需求也存在很大的不确定性，评估结果不能代表工程实施后的实际情况。生态效应评价是在工程建设运行以后进行的，能够更加切实地反映水利工程建设运行对于河流生态系统功能和结构的影响。由于以上因素，环境影响后评价也逐步得到了重视。

2.2.1.2　水利工程生态效应特点

（1）生态效应的时空性。水利工程生态效应与人类开发利用水资源的过程有着密切的关系，随着经济快速发展、人口迅速增长，各方面的需求不断增大，如供水、发电、航运、灌溉等，各种水利工程迅速兴建起来，由此带来的生态环境影响愈发严重，部分影响会直接显现出来，如河流水文情势的变化、土地淹没、移民等，由此产生水温、水质的变化，鱼类、浮游动植物生境的变化等，有的影响则随着时间的推移逐渐显现出来，如移民带来的土地利用、流域/区域社会经济结构的变化等。区域不同，气候特点及地形地貌也会有所差异，水利工程的建设运行带来的生态效应各不相同。因此，要针对具体工程项目，确定水利工程生态效应评价指标体系，充分考虑不同区域代表性的物种及重要的环境因素等。

（2）生态效应的系统性。水利工程的建设运行为流域建立了一个由人类社会、经济活动、自然条件共同组合而成的复合生态系统，在社会－经济－自然复合生态系统中，各类要素之间互相影响、互相作用，使得这个系统成为一个具有整体功能和综合效益的群体。在这个复合生态系统中，由于人类活动的加强，如水利工程的建设等，使得流域生态环境的影响性质、因素、后果等都具有系统性的特征。然而，在这个系统中，如果各项工程规划合理，实施有效，与自然之间就能够协调发展；反之，如果各项工程规划不当，整个系统将处于极为不稳定的状态，严重时甚至会给系统的主体——人类造成严重的危害[248]。

（3）生态效应的累积性。目前，由于梯级水利工程的大量开发，对于流域生态环境造成的一大显著特征就是累积性。当某一生态环境因子发生变化时，这一变化不仅受到单个工程的影响，同时也受到流域内其他水利工程的影响，这些影响包括经济资源结构、生态系统的冲突与平衡、社会结构的解体和重构等。梯级水利工程同单项工程不同，其影响具有系统性、群体性、潜在性和累积性。考虑到梯级水利工程的布置、开发时序等不同，对其所在流域的社会、经济、生态环境将会造成不同的影响。

（4）生态效应的滞后性。水利工程带给人们的经济效益、社会效益往往是直接的、立即的，而其对于河流生态环境的负效应却是一个缓慢的发展过程，这一过程由诸多因素共同作用，此外由于复合生态系统本身所具有的复杂性和不确定性，使其呈现出缓慢性与潜在性。一般而言，梯级水利工程开发对于生态环境潜在的影响比较复杂，在一些重大生态效应发生之前很难被察觉，一旦发生，后果极为严重，这也是由生态系统的反应过程所决定的[249]，和梯级水利工程相比，单个水利工程对于生态环境的影响也具有潜在性，但是易于区别与防范。生态系统结构改变、功能丧失是一个潜在的、累积的过程，系统的各类要素之间相互作用、相互转化，而这一转换需要经过一定的时间跨度才能实现。因此，生态系统自身所具有的缓冲能力决定了各类生态效应的滞后性。

2.2.2　水利工程与生态环境、社会、经济系统的关系

水利工程生态效应比较复杂，涉及生态环境、社会、经济三大系统，其中不仅包含水循环这样的物理过程，同时也包含经济社会的发展需求，以及生态环境的维持与改善，水利工程作为联系三大系统的纽带，有必要综合分析其与三大系统之间的关系。

（1）水利工程与生态环境系统的关系。流域是一个具有层次结构和整体功能的复合系统，生态环境系统是复合系统内部各类生产活动所需的物质与能量的来源，尤其是系统内部水循环、水资源的补给与利用，都离不开生态环境系统，一旦与生态环境系统脱离，整个系统将会崩溃。水作为生态环境系统重要的组成成分，为维持生态环境系统的良性循环和发展提供了保证[250]。水利工程的建设运行在改善了人类生产和生活条件、促进经济发展的同时，人类的过分索取在一定程度上给生态环境带来了副作用。

（2）水利工程与社会系统的关系。人类作为社会发展的主体，修建水利工程等大规模的人类活动为社会发展创造了良好的条件。水利工程的建设运行具有防洪、供水、灌溉、发电、旅游等社会经济效益，极大地促进了经济的发展和社会的进步，例如保障和改善人类居住条件、增加就业机会、维护社会安定等，带来了巨大的社会效益。然而水利工程的建设运行也带来了大量的移民问题，移民安置所带来的社会安定等问题直接关系到水利工程的能否正常的建设运行[251]。

（3）水利工程与经济系统的关系。水资源是区域经济发展的物质基础，水利工程是国民经济与社会发展的基础产业，一切社会活动和经济活动在很大程度上都离不开水利工程的建设运行。水利工程的修建能够兴水利、除水害，事关人类生存、经济发展和社会进步。一方面表现在防洪、灌溉、航运等非盈利的社会效益；另一方面表现在提供公共产品，获得经济效益。随着经济快速发展，人类对水量的需求也逐渐增加，水量不足、水质不达标等问题日益凸显。

可以看出，水利工程是联系上述三个系统的桥梁，由于三个系统之间相互依存、相互制约，因此，其中任何一个系统发生变化将会同时影响到其他系统的变化。社会进步会促进区域或流域经济的发展，环境的改善及治理。生态环境的改变对经济发展和社会进步起到促进的作用。环境恶化不可避免会造成生态破坏和资源的浪费；经济发展也会导致环境的污染和生态破坏。

2.3　水利工程生态效应评价指标体系建立

流域生态效应是工程长期影响的结果，上述水利工程与生态环境、社会、经济这三大系统之间的关系，决定了水利工程生态效应评价涵盖了诸多的影响因素[13]。水利工程生

态效应的评估需要从根本上认识生态效应产生的根源，为了维护生态底线，需要确定主导因子，为后期生态环境保护目标的制定及生态环境需水量的分析提供切实可行的参考。量化评估各个指标是水利工程生态效应评价的重点，本书遵循整体性、简洁性、含义明确、操作性强和实用性的原则，根据水利工程对流域生态系统的影响程度，水利工程生态效应可划分为三个等级——一级效应、二级效应和三级效应，并提出了一套三级评价指标体系。

2.3.1　水利工程三级生态效应

水利工程的一级生态效应主要反映水利工程的建设运行对河流水文情势变化的影响；二级生态效应主要反映由于水文情势变化对河道内水环境质量的影响；三级生态效应综合反映上述一级、二级生态效应对河道内生物多样性的影响。

（1）一级生态效应。反映水利工程建设运行对河道流量的调节，使得河流沿其水流方向变得均一化、非连续化，从而导致原本流动的河流变成了相对静止的湖泊，河流的水文情势发生显著变化。水文情势作为河流生物群落重要的生境条件之一，特定的河流生物群落构成和特定的水文情势具有明显的相关性[252]，从而产生了一级生态效应。水文情势的特征值包括流量、频率、持续时间、出现时机和变化率等参数，这些特征值对于生态系统的完整性十分重要。

（2）二级生态效应。由于一级生态效应的产生，河道水文情势发生改变，从而导致水体的物理特性和化学特性发生变化，原有的水质状况发生改变，诸如库区水体富营养化、水体盐度、酸度发生改变，流量、流速发生改变，库区积聚了大量的营养物质等。上述因素导致河流的自净能力降低，破坏了水环境质量，从而产生了二生态级效应。水质一般包括 DO、$NH_3 - N$、总磷等要素，这些指标对于水体中的生命活动有着重要的影响，如果污染物的浓度超过水体的自净能力，将会对水体中鱼类、浮游动植物造成很大的影响。

（3）三级生态效应。一级生态效应与二级生态效应共同导致了三级效应的产生，水量的多少直接影响河岸带的生态，在不同的生态保护目标下，河道水体的生态系统对应不同的河道流量，水利工程的建设运行直接改变了河流的消涨周期和规律，导致原有河岸带生态系统功能和结构的改变，少数物种的繁殖能力可能会因此大幅提高，但是大多数物种的生命周期被扰乱，这种改变通常是以本地其他物种和整个系统生物多样性的减少为代价的。三级生态效应为一级生态效应与二级生态效应共同累积的结果，由于生态效应的滞后性及系统本身对外界干扰的缓冲能力，这一累积过程需要经过一定的时间才能体现出来。

综上所述，一级生态效应敏感性最强，产生时间最短、最直接，直接或间接地对其他生态效应起到驱动作用；二级生态效应作为一级效应的累积，敏感性次之，产生时间相对较慢；三级生态效应敏感性最弱，所需的时间最长。

水利工程三级生态效应之间相互影响、互相调节。水利工程建设运行是流域水文情势发生改变的根本原因，一级生态效应作为水利工程生态效应最直接的反映形式，是所有二级、三级生态效应的驱动力。一级生态效应引起水体的物理化学特性发生变化，导致水环境的恶化，驱动二级生态效应的产生，如水体盐度和酸度等的改变。二级生态效应对水生态系统的多样性和完整性产生影响，驱动三级生态效应的产生。一级生态效应使得原有河流所携带的生命节律信息被打乱，直接导致鱼类等其他水生物生命活动的改变，也会驱动三级生态效应的产生。

在水利工程生态调度过程中，要以维护生态底线为目的，从一级生态效应的影响入手制定生态环境保护目标，指导水利工程生态调度模型的构建及调度途径与方案的制定。

2.3.2　生态效应评价指标体系

根据上文提出的水利工程三级生态效应，本书建立了水利工程生态效应三级评价指标体系，其中包括 10 个核心指标和 11 个扩展指标，见表 2-1，扩展指标是描述间接影响或因地而异的指标，提高了评价指标的通用性。

表 2-1　　　　　　　　　　水利工程生态效应评价指标体系

目标	生态效应等级	核心指标	扩展指标
水利工程生态效应	一级生态效应	径流量	水文极值发生时间、高低脉冲流量、大小洪水、极端流量变化、库容调节系数等
		径流年内分配不均匀系数	
		最枯月平均流量	
		河道断流天数	
	二级生态效应	高锰酸盐指数	石油类、氨氮（NH_3-N）、挥发酚、五日生化需氧量（BOD_5）、化学需氧量（COD）、重金属元素等
		总氮（TN）	
		总磷（TP）	
		溶解氧（DO）	
	三级生态效应	鱼类完整性指数	
		物种多样性指数	

表 2-1 中各评价指标的含义及计算方法如下。

2.3.2.1　一级生态效应指标

（1）径流量。径流量是衡量水文情势最直观的指标，对维持河流生态系统的正常运转尤为重要，水利工程建设在时间上改变了径流量的年内分配，从而对生态系统产生影响。

（2）径流年内分配不均匀系数。反映河流径流年内变化的剧烈程度，它是河流生态功能表征的一个重要参数。水利工程建设运行对径流量的年内分配产生直接影响，该项指标是河流水文情势中尺度的表现，具有很强的针对性，包含了很多生命周期讯号和信息，明确了鱼类产卵、洄游、幼鱼生长等过程，计算公式为

$$C_v = \sqrt{\sum_{i=1}^{12} (r_i/\bar{r} - 1)^2 / 12} \qquad (2-1)$$

式中：r_i 为年内各月径流量；$\bar{r}$ 为年内月平均径流量。

C_v 值越大，说明各月径流量相差越悬殊，径流年内分配越不均匀。

（3）最枯月平均流量。采用最枯月平均流量反映水利工程建设运行对河道基流量的影响，其整体变化趋势能够反映水利工程的调蓄功能。一般情况，如果水利工程调节能力强，会使枯季的月流量增大，并导致自然河流节律发生紊乱。

（4）河道断流天数。河道断流天数能够反映水利工程对下游和河口地区生态环境的影

响。断流使得入海水量减少，水沙平衡关系发生改变，河道及河口严重淤积、湖泊干涸、生物多样性减少，湿地萎缩等。断流会对大型工程的正常运行产生很大的影响，严重时对下游地区的供水安全造成威胁，并影响下游经济的发展。

（5）水文极值发生时间。水文极值发生时间是水生生物进入新生命周期的信号，其改变会导致生物生命周期与河流自然流量的季节时间相悖离。

（6）高低脉冲流量。水利工程修建与运行对高流量和低流量发生的规模与频率产生影响，并威胁水生生物的生存。高脉冲流量可以大量输送营养物质并塑造漫滩多样化的形态，维系河道并育食河岸生物，影响河流生物的生物量和多样性；低脉冲流量对河流生物量的补充及典型物种的生存产生影响。

（7）大小洪水。洪水是联系河流主槽与滩地之间饵料和生物的纽带，由于受到河流与洪水的影响，使得河流生态系统不断进化，生物多样性不断丰富。本书界定小洪水为 2 年一遇，大洪水为 10 年一遇。

（8）极端流量变化。为了反映枯水、丰水在不同时间尺度上的变化情况，采用 1d、3d、7d、30d、90d 平均流量的极大值和极小值来描述。

（9）库容调节系数。用水利工程的兴利库容（调节库容）和多年平均来水量的比值来表示，库容调节系数越小，相应的水利工程调节性能越低。

2.3.2.2　二级生态效应指标

二级效应指标反映水环境对水生态系统的影响，主要对水体中的高锰酸盐指数、总氮、总磷、溶解氧等要素进行评价，评价标准参考中华人民共和国《地表水环境质量标准》（GB 3838—2002）。

2.3.2.3　三级生态效应指标

水利工程的兴建改变了鱼类、浮游动植物、底栖生物等生长、产卵、繁殖所必需的水文条件和生长环境。

（1）鱼类完整性指数。鱼类作为水生态系统的顶级生物，能够反映生态系统的特点。采用鱼类完整性指数表征工程建设前后对河道鱼类的影响，计算公式为

$$C = \xi_1/\xi_2 \qquad (2-2)$$

式中：ξ_2 为水利工程建设运行之前，鱼类种类总数；ξ_1 为水利工程建设运行之后，鱼类种类变化数。

C 值越大，说明鱼类完整性越高，工程开发对鱼类影响越小。

（2）物种多样性指数。该指标是物种丰富度和物种均匀度的综合指标，不仅能够反映河段鱼类、浮游动植物、大型水生植物、底栖生物的丰富程度，还能够反映河段全部物种个体数目分配的均匀程度，一般采用 Shannon - Wiener 指数来评价，计算公式为

$$H = -\sum_{i=1}^{S} P_i \ln P_i , P_i = N_i/N \qquad (2-3)$$

式中：N_i 为样本中 i 物种的个体数；N 为样本中所有物种数量之和；S 为样本中生物物种数。

该指标中种类数越多，种类之间个体分配越均匀，多样性越高。

2.3.3 指标体系评价标准

生态效应评价标准是确定生态效应影响大小的基础，为方便决策者明确当前状态和今后的发展趋势，有必要建立一套衡量生态效应的定量参考系统。目前，对于生态效应的评价尚没有统一的标准。然而，由于自然条件差异，经济社会背景不同，没有绝对的评价标准，任何标准都是相对的。具体生态效应评价可以参考以下几方面[253]：

（1）国家标准、行业标准或国际标准，以及地方标准。如国家已发布的《地表水环境质量标准》（GB 3838—2002）、《地下水质量标准》（GB/T 14848—2017）等，行业发布的规范、规定、设计要求等，特别区域的保护要求等，地方政府颁布的标准、规范、规定等，河流水系保护要求等。

（2）采用背景值或本底值作为评价标准。

（3）参考国内外已有的科研成果。对某些指标已有比较成熟的研究成果，并且在相关评价中已经得到了应用，可将其作为评价标准。

（4）其他方法，如数理统计法、专家经验法和类比法等。

2.4 陕西渭河流域大型水利工程生态效应评价

2.4.1 流域概况

渭河是黄河的第一大支流，发源于甘肃省渭源县鸟鼠山，流经甘肃省、宁夏回族自治区和陕西省，在陕西潼关注入黄河。渭河干流全长818km，陕西省境内河长512km，其中，宝鸡峡以上为上游段，河长133km，水流湍急、河谷狭窄；宝鸡峡至咸阳为中游段，河长171km，河道宽，多沙洲，水流分散；咸阳至潼关为下游段，河长208km，河道淤积严重，比降较小。全流域总面积13.5万km²，陕西省境内6.71万km²。陕西省渭河流域包括宝鸡市、杨凌区、咸阳市、西安市、铜川市、渭南市以及延安市、榆林市的一部分，关中地区是渭河流域的主体。

渭河属于不对称水系，南岸支流较多，径流较丰，比降较大，含沙量小，较大支流集中在北岸，北岸支流比降较小，含沙量大。渭河集水面积1000km²以上的支流有14条，北岸有咸河、散渡河、葫芦河、牛头河、千河、漆水河、石川河、泾河、北洛河；南岸有榜沙河、石头河、黑河、沣河、灞河。泾河和北洛河是渭河的两大支流，占渭河流域总面积的34%和20%。流域属典型的大陆型季风气候，春季气温不稳定、降水少，夏季气候炎热多雨，秋季凉爽较湿润，冬季寒冷干燥。

2.4.1.1 水文状况

渭河流域处于干旱地区和湿润地区的过渡地带，年平均气温6～14℃，年平均降水量572mm（1956—2000年），受地形的影响，全流域降水较少，时空分布不均。空间上，呈现南多北少、山区多盆地少的趋势。其中，秦岭山区降水量最多，年平均降水量大于800mm；东部华山、西部太白山年平均降水量大于900mm；渭北地区年平均降水量为541mm，局部地区不足400mm。时间上，降水量的年际变化较大，C_v值在0.21～0.29，

7—10月降水量较大，占年降水量总量的60%左右，最小值多出现在1月和12月。

渭河流域内多年平均水面蒸发量为660～1600mm，时空分布不均。空间上，呈现由北向南和由东向西减少趋势。渭北地区年平均水面蒸发量较大，维持在1000～1600mm，南部700～900mm，西部660～900mm，东部1000～1200mm。时间上，蒸发量的年际变化较大，12月最小，6月和7月最大，7—10月蒸发量占年总蒸发量的46%～58%。

由于流域内降雨时空分布不均及地形地貌的变化，河川径流量具有时间和地区分布上的不均匀性。渭河干流不同河段天然径流量不同，干流林家村以上天然径流量为25.25亿m³，咸阳以上为54.05亿m³，华县以上88.09亿m³，支流张家山以上17.23亿m³，北洛河洑头以上9.96亿m³。全流域天然径流量年际变化较大，渭河干流各站最大年径流量是最小年径流量的5倍以上。年内分配也不均匀，河川径流量主要集中在汛期7—10月，约占全年的60%，其中8月来水最多，占全年的14%～25%；1月来水量最少，仅占全年的1.6%～3.1%。

2.4.1.2 水质状况

2019年，陕西省渭河流域工业废水排放量14318.57万t/a，COD_{Cr}入河量6473.68t/a，NH_3-N入河量440.32t/a；居民生活污染源COD_{Cr}排放量213085t/a，NH_3-N排放量28160.8t/a，其中农村生活污染源COD_{Cr}排放量29380.47t/a，NH_3-N排放量7165.97t/a；城镇生活污染源COD_{Cr}排放量183704.5t/a，NH_3-N排放量20994.8t/a；农业COD_{Cr}排放量109961.28t/a，NH_3-N排放量21992.25t/a；养殖畜牧业COD_{Cr}排放量40034.84t/a，NH_3-N排放量3864.48t/a；统计出渭河陕西段COD_{Cr}及NH_3-N年排放总量分别为369554.8t/a和54457.85t/a。其中不同污染源贡献率大小依次为：生活污染源＞农业污染源＞畜禽养殖业污染源＞工业污染源。汇总以上关中各市区关于COD_{Cr}及NH_3-N的排放量，污染物排放量大小顺序依次为：西安市＞渭南市＞咸阳市＞宝鸡市，其中咸阳—天江人渡河段排污量最大。

2019年，渭河干流陕西段监测断面中NH_3-N的浓度大多小于1mg/L，其中Ⅲ类水质以内的断面有11个，Ⅳ类水断面3个，劣Ⅴ类水质的断面2个，占比分别为69%、19%和12%。其中林家村、卧龙寺和潼关吊桥属于Ⅳ类水，天江人渡和新丰则达到了劣Ⅴ类，其他断面保持在Ⅲ类水质以内。而COD_{Cr}达到Ⅱ类或Ⅲ类水质标准的断面有林家村、卧龙寺、虢镇、魏家堡、杨凌、南营和田市干沟断面，占总断面的44%；兴平、咸阳、耿镇、沙王渡、树园、拾村和潼关吊桥断面为Ⅳ类水质，占总断面的44%；天江人渡和新丰断面为Ⅴ类水质，占比为12%。其中天江人渡和新丰断面是水质最差的断面，测定出的COD_{Cr}和NH_3-N浓度较大，严重超出渭河水功能区的水质目标范围。

2.4.1.3 水生态状况

陕西省渭河干支流上先后建立了渭南三河湿地自然保护区、陕西泾渭湿地省级自然保护区、西安浐灞国家湿地公园、陕西省渭河湿地等。此外，渭河中下游流域还有11个湿地列入了《陕西省重要湿地名录》。陕西省渭河滩地涉及陕西省宝鸡市、杨凌区、咸阳市、西安市、渭南市，滩地面积共计339km²，滩地内土地利用类型主要包括耕地、园林草地、河道采砂、高尔夫球场、公园等建设用地，以及水面、滩涂、坑塘、水工建筑等水域及水利设施用地等。随着流域经济社会的快速发展，只重视生产、生活用水的需求，加之境内来水减少，致使生态环境用水被挤占，局部河段几乎断流。

2.4.1.4 水利工程概况

随着渭河流域内工业化、城镇化和产业化的快速发展，流域内水利工程的规模不断扩大。目前，陕西省渭河流域已建成水库441座，总库容21.79亿 m^3，兴利库容14.24亿 m^3，现状供水能力12.85亿 m^3。流域共建成大型水库4座，分别为冯家山水库、羊毛湾水库、石头河水库、金盆水库，中型水库22座，小型水库415座，大、中、小型水库总库容21.79亿 m^3，兴利库容14.24亿 m^3，设计供水能力17.21亿 m^3，现状供水能力12.85亿 m^3。流域内有大型引水工程2处，中型4处，小型2067处，设计供水能力24.25亿 m^3，现状供水能力15.47亿 m^3。

（1）冯家山水库。冯家山水库位于宝鸡市陈仓区桥镇冯家山村附近的千河干流上，控制流域面积3232 km^2，占千河流域总面积的92.5％。上游75km处建有段家峡水库，总库容为0.18亿 m^3，下游16km处建有宝鸡峡引渭总干渠跨越千河的王家崖渠库结合工程，水库总库容3.89亿 m^3，防洪库容0.27亿 m^3，有效库容1.61亿 m^3。

水库始建于1970年，1974年主体工程建成，下闸蓄水，1982年枢纽工程竣工，并通过国家验收。2003年大坝加高培厚。冯家山水库是一座以灌溉为主，兼作防洪、供水等综合利用的大（2）型水利工程。水库枢纽由拦河大坝、泄洪洞、溢洪洞、非常溢洪道、输水洞和电站等建筑物组成。主坝坝顶高程716.00m，校核洪水位712.70m，设计洪水位708.80m，正常蓄水位712.00m，防洪限制水位707.00m。

（2）石头河水库。石头河水库位于眉县斜峪关以上1.5km的石头河干流上，控制流域面积673 km^2，是一座结合灌溉、城乡供水、发电、防洪、养殖等综合利用的大（2）型水利工程。坝顶高程808.00m，正常蓄水位801.00m，总库容1.47亿 m^3，防洪库容0.094亿 m^3，有效库容1.06亿 m^3，死库容500万 m^3。

水库始建于1971年10月，1989年10月完工。枢纽由拦河坝、溢洪道、泄洪洞、输水洞和坝后电站等建筑物组成。主坝坝顶高程808.00m，校核洪水位802.80m，设计洪水位801.00m，正常蓄水位801.00m，防洪限制水位798.00m。

（3）金盆水库。金盆水库位于周至县黑峪口以上1.5km的黑河干流上，坝址距离渭河入口33km，控制流域面积1481 km^2，是一座以城市供水为主，兼顾灌溉、发电、防洪等综合利用的大（2）型水利工程。水库枢纽由拦河坝、溢洪道、泄洪洞、引水洞和坝后电站等建筑物组成。总库容2.0亿 m^3，防洪库容0.057亿 m^3，有效容1.77亿 m^3，坝顶高程600.00m，汛限水位591.00m，正常蓄水位594.00m，死水位520.00m。校核洪水位597.20m，设计洪水位594.30m。

2003年水库正式下闸蓄水。水库多年平均调节水量4.28亿 m^3，其中：给西安市城市供水3.05亿 m^3，日平均供水量76.0万t，供水保证率95％；农业灌溉供水1.23亿 m^3，可新增和改善农田灌溉面积37万亩。坝后电站装机2.0万kW，多年平均发电量为7308万kW·h。

（4）羊毛湾水库。羊毛湾水库位于乾县石牛乡羊毛湾村北的漆水河干流上，坝址距离渭河入口55.9km，控制流域面积1100 km^2，是一座以灌溉为主，结合防洪、养殖综合利用的大（2）型水利工程。坝顶高程646.60m，正常蓄水位635.90m，总库容1.2亿 m^3，防洪库容 0.27 亿 m³，有效库容 1.49 亿 m³。主坝坝顶高程 646.60m，校核洪水位645.70m，设计洪水位641.20m，正常蓄水位635.90m，防洪限制水位635.90m。

枢纽由均质土坝、溢洪道、输水洞及泄水底洞组成。由于羊毛湾水库为多年调节库，考虑到水库综合效益，汛期水库最高水位控制在 645.70m。水库于 1958 年动工建设，历经 12 年，于 1970 年建成，先后于 1986 年、2000 年两次对羊毛湾水库进行除险加固。为补充水库水源，于 1995 年建成"引冯济羊"输水工程，每年可由冯家山水库向羊毛湾水库输水 3000 万 m³，有效解决了水库水源不足问题。

2.4.2　自然生态效应评价

选取渭河流域 5 个典型气象站（北道站、凤翔站、武功站、泾河站和华县站）1956—2011 年长系列降水、气温、日照、相对湿度、风速和蒸发数据，对渭河流域自然生态效应进行分析。选取了陕西省渭河干流 5 个典型水文站［林家村（1973—2011 年）、魏家堡（1973—2011 年）、咸阳（1970—2011 年）、临潼（1973—2011 年）、华县（1970—2011 年）水文站］，陕西省渭河流域内 4 座大型水库所在支流上游的 4 个水文站［冯家山水库所在千河上游的千阳（1973—2011 年）站、石头河水库所在石头河上游的鹦鸽站（1974—2011 年）、金盆水库所在黑河上游的黑峪口站（1973—2011 年）、羊毛湾水库所在漆水河上游的安头站（1973—2011 年）］，总共 9 个水文站的实测日径流数据，分析流域内 4 座大型水库（冯家山水库、石头河水库、羊毛湾水库、金盆水库）的生态效应。渭河流域典型站点及大型水库分布如图 2-2 所示。

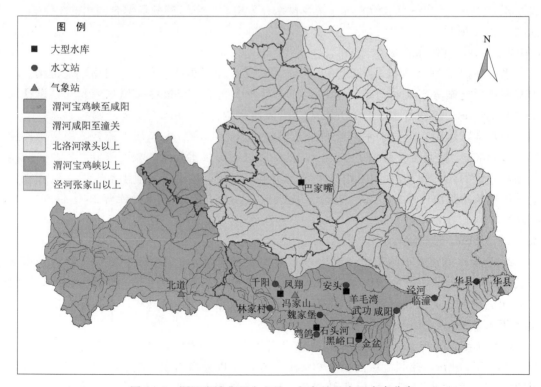

图 2-2　渭河流域典型水文站、气象站及大型水库分布

2.4.2.1 降水和气温

对 5 个气象站多年平均降水量时间序列分析表明（见图 2-3），北道站、凤翔站、武功站、泾河站和华县站的多年平均降水量分别为 583.9mm、687.1mm、674.2mm、556.1mm 和 853.2mm。线性回归趋势表明，5 个站降水量大致以 7.6mm/10a、1.3mm/10a、24.0mm/10a、3.7mm/10a 和 19.9mm/10a 的速率下降。可以看出，流域降水量整体呈现一定的减少趋势。

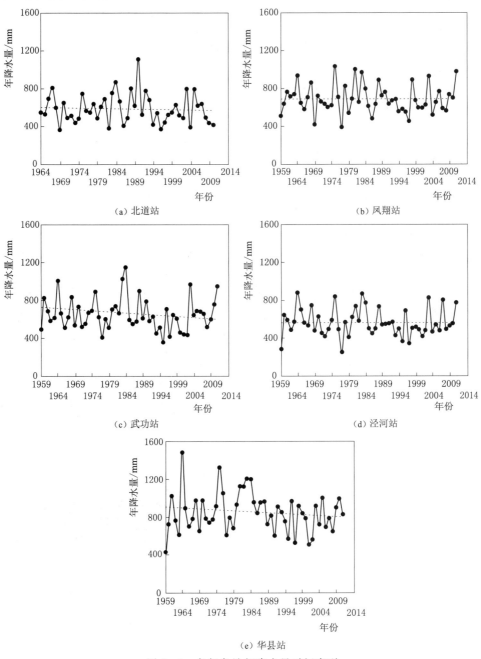

图 2-3　各气象站年降水量时间序列

对 5 个气象站气温时间序列分析表明（见图 2-4），北道站、凤翔站、武功站、泾河站和华县站多年平均气温分别为 11.2℃、11.7℃、13.3℃、13.1℃和 6.3℃。北道站在研究时段内日最高和最低气温分别为 30.1℃和－13℃，凤翔站分别为 32.4℃和－14.1℃，武功站分别为 33.6℃和－12.6℃，泾河站分别为 34.1℃和－12.6℃，华县站分别为 26.7℃和－22.3℃。线性回归趋势表明，5 个站年最低气温和年平均气温有略微的上升趋

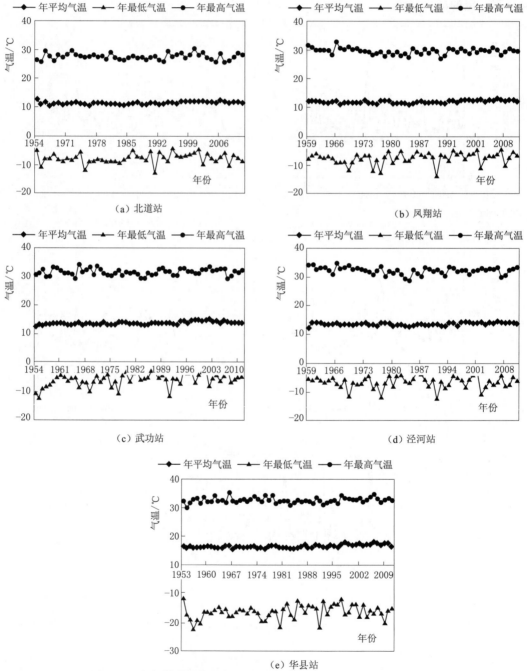

图 2-4 各气象站年平均气温、年最低气温、年最高气温时间序列

势，年最低气温大致以 0.25℃/10a、0.29℃/10a、0.59℃/10a、0.02℃/10a 和 0.32℃/10a 的速率上升；年平均气温大致以 0.18℃/10a、0.17℃/10a、0.23℃/10a、0.11℃/10a 和 0.22℃/10a 的速率上升；5 个站年最高气温均没有明显的趋势性。可以看出，流域气候整体呈现一定的变暖趋势。

2.4.2.2 日照和相对湿度

日照时数和相对湿度是流域潜在蒸散发的主要控制变量。对 5 个气象站日照时间序列分析表明（见图 2-5）：北道站、凤翔站、武功站、泾河站和华县站多年平均日照时数分别为 2010h/a、2004h/a、1931h/a、2028h/a 和 2408h/a。线性回归趋势表明：北道站、凤翔站、武功站和泾河站的年日照时数分别以 2.9h/a、4.6h/a、12.2h/a 和 5.7h/a 的速率递减，而华县站年日照时数以 4.1h/a 的速率增加。北道站、凤翔站、武功站和泾河站日照时数减小的原因在于，这 4 个站点附近工业化、城市化进程较快，大气中各类悬浮物、固体尘埃含量的增加导致大气密度增大，折射和反射增加，大量的太阳辐射能量直接反射回大气层。

对 5 个气象站相对湿度时间序列分析表明（见图 2-6），北道站、凤翔站、武功站、泾河站和华县站多年平均相对湿度分别为 70.3%、70.0%、71.0%、68.6% 和 63.0%。线性回归趋势表明：武功站年平均相对湿度有略微的上升趋势，其余几个站年平均相对湿度变化趋势不明显。

2.4.2.3 风速和蒸发

风速作为空气外动力条件之一，影响陆层表面水热交换过程和蒸散发。对 5 个气象站年平均风速时间序列分析表明（见图 2-7）：北道站、凤翔站、武功站、泾河站和华县站多年平均风速分别为 1.5m/s、2.0m/s、1.6m/s、2.3m/s 和 4.3m/s。线性回归趋势表明：除华县站年平均风速呈略微上升趋势外，其余各站均有略微下降的趋势。

对 5 个气象站逐日多年平均小型蒸发量时间序列分析表明（见图 2-8）：北道站、凤翔站、武功站、泾河站和华县站多年平均小型蒸发量分别为 1309mm、1340mm、1197mm、1387mm 和 1420mm。凤翔站多年平均小型蒸发量大于北道站约 31mm，主要原因是：虽然北道站年日照时数大于凤翔站年日照时数，然而凤翔站多年平均相对湿度低于北道站，且凤翔站多年平均气温高于北道站。凤翔站平均相对湿度低和气温高导致了空气较为干燥，最终导致其多年平均小型蒸发量大于北道站。线性回归趋势表明：北道站、凤翔站、武功站和泾河站多年平均小型蒸发量分别以 5.6mm/a、1.9mm/a、15.3mm/a 和 14.7mm/a 的速率递减，这一变化趋势与 4 个站日照时数的变化趋势一致。而华县站多年平均小型蒸发量以 0.4mm/a 的速率略微增加，这一趋势与该站相对湿度的减少有关。

2.4.2.4 自然生态效应综合评价

根据上述对自然生态效应综合评价，流域内各站点年平均降雨量呈现一定的减小趋势，年平均气温和年最低气温呈现略微的上升趋势，在一定程度上对流域的水文情势和水资源本底状况产生影响。各站点日照时数持续下降（除华县站）有可能减小地表直接辐射能量，从而减小地表的蒸发潜力，而相对湿度相对稳定说明空气干燥力变化不大，对地表潜在蒸散发影响也不大。各站点风速年际变化趋势不明显，不会对潜在蒸散发和实际蒸散

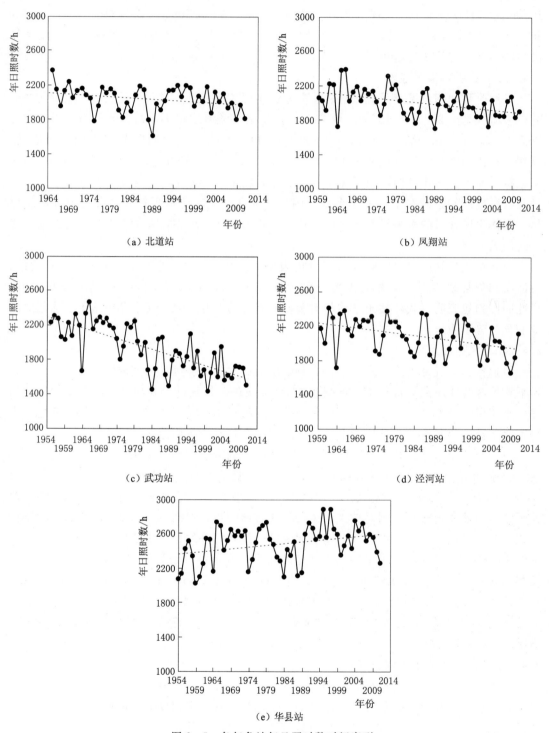

（a）北道站

（b）凤翔站

（c）武功站

（d）泾河站

（e）华县站

图 2-5　各气象站年日照时数时间序列

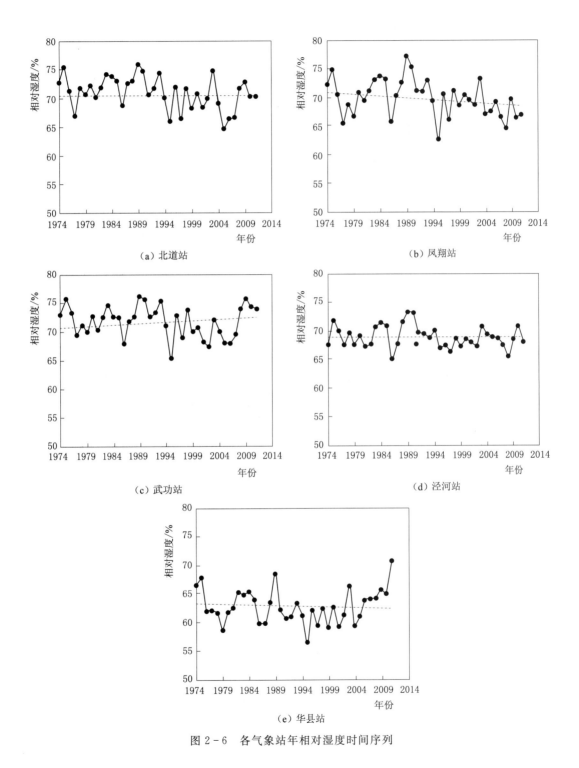

（a）北道站　　　　　　　　　　　（b）凤翔站

（c）武功站　　　　　　　　　　　（d）泾河站

（e）华县站

图 2-6　各气象站年相对湿度时间序列

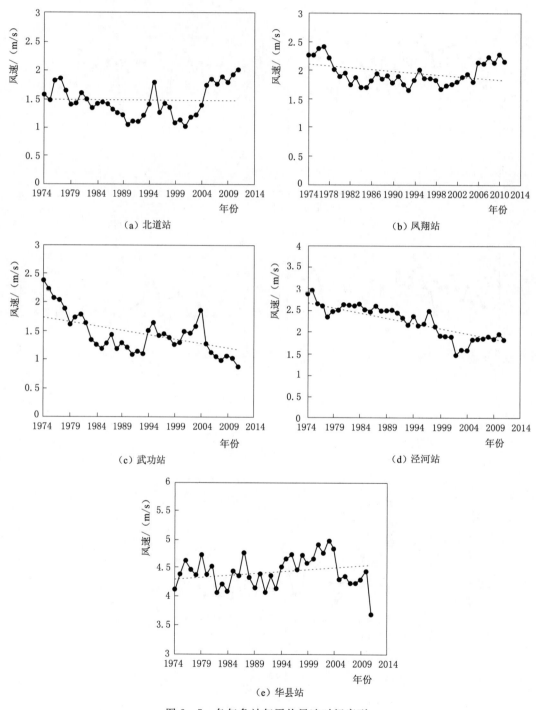

图 2-7　各气象站年平均风速时间序列

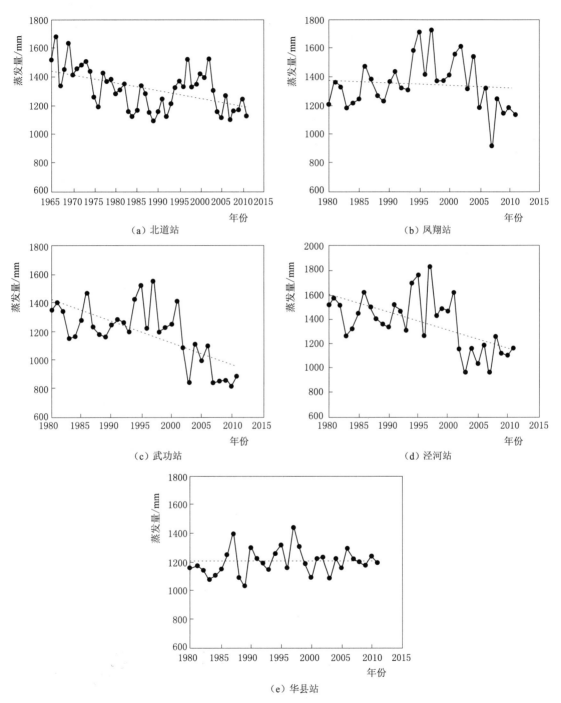

图 2-8 各气象站多年平均小型蒸发量时间序列

发的变化产生影响，小型蒸发量（除华县站）均呈下降趋势，这一变化趋势与日照时数趋势一致。

综上所述，渭河流域自然生态效应总体呈现稳定并略有下降趋势，主要原因在于降雨量的减少以及温室效应导致的气温升高，使得生态系统稳定性受到一定影响，其他指标虽有影响，但影响不大。由此可知，人类活动干扰以及社会经济发展是流域水资源、水环境、水生态发生变化的主要原因。

2.4.3 大型水利工程生态效应评价

2.4.3.1 一级生态效应评价

1. 径流量

渭河主要水文站点年平均径流量变化趋势如图 2-9 和图 2-10 所示。线性回归趋势表明，渭河干、支流站点都表现出不同程度的下降趋势，其中，支流各站点每 10 年平均径流量变率为：千阳站−1.7m³/s，魏鸽站−2.0m³/s，黑峪口站−3.4m³/s、安头站−0.4m³/s。干流各站点每 10 年平均径流量变率为：林家村站−14.9m³/s，魏家堡站−20.1m³/s，咸阳站−17.0m³/s，临潼站−22.7m³/s，华县站−20.5m³/s。

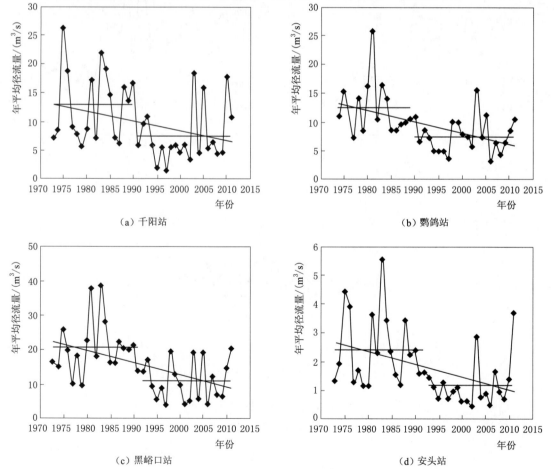

图 2-9　支流各水文站年平均径流量变化

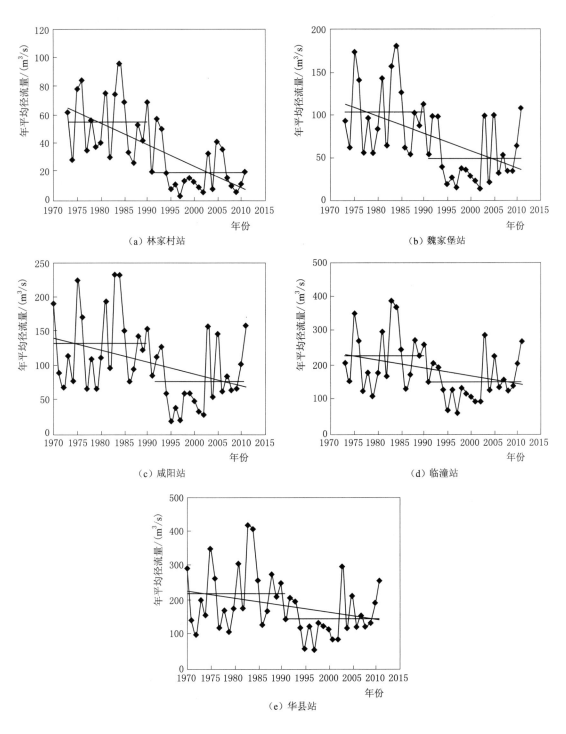

（a）林家村站　　　　　　（b）魏家堡站

（c）咸阳站　　　　　　（d）临潼站

（e）华县站

图 2-10　干流各水文站年平均径流量变化

Mann-Kendall突变检验各站点年径流序列的变化趋势（均采用95%信度检验线）如图2-9和图2-10所示。结果表明，渭河干、支流站点径流量均表现出明显的下降趋势。千阳、魏家堡、黑峪口、安头4个支流站点最可能的变异点分别为1990年、1989年、1991年和1992年，置信度均超过了95%。林家村、魏家堡、咸阳、临潼、华县5个干流站点最可能的变异点分别为1990年、1990年、1990年、1990年和1991年，置信度均超过了95%。可以看出，进入20世纪90年代后，枯水年份增多，年均径流量锐减。这与马晓超等[254]的研究成果基本一致。结合上述自然生态效应，对支流站点而言，其上游由于没有大型调蓄工程，受人类活动影响较小，径流量的减少与渭河流域整体温度上升和降雨量减少有一定关系；对干流站点而言，20世纪90年代以后，干流上发电引水工程的修建、支流上大型水利工程的建设及大量引水等，是导致径流量减少的主要原因。

2. 径流年内分配不均匀系数

降水、下垫面条件和人类活动是影响径流年内分配的主要因素。渭河主要水文站点C_v变化趋势如图2-11和图2-12所示。对各年代C_v的平均值进行统计，见表2-2。可以看出，对支流站点而言，C_v变化趋势比较显著，呈先减少后增加的趋势，原因在于支流站点上游没有大型水利工程，年内径流分配基本与自然状态接近；对干流站点而言，C_v

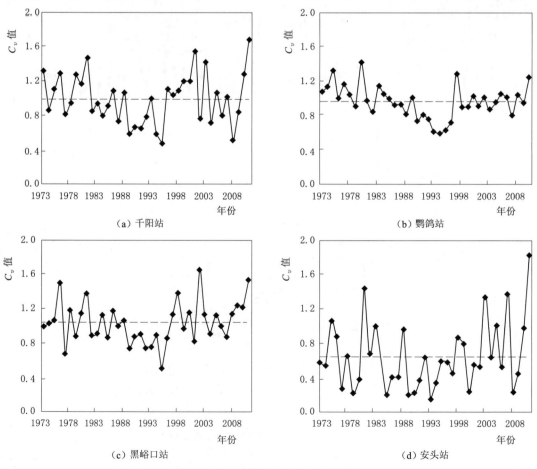

（a）千阳站　　　　　　　　　　　　　　　（b）魏家堡站

（c）黑峪口站　　　　　　　　　　　　　　（d）安头站

图2-11　支流各水文站C_v变化趋势

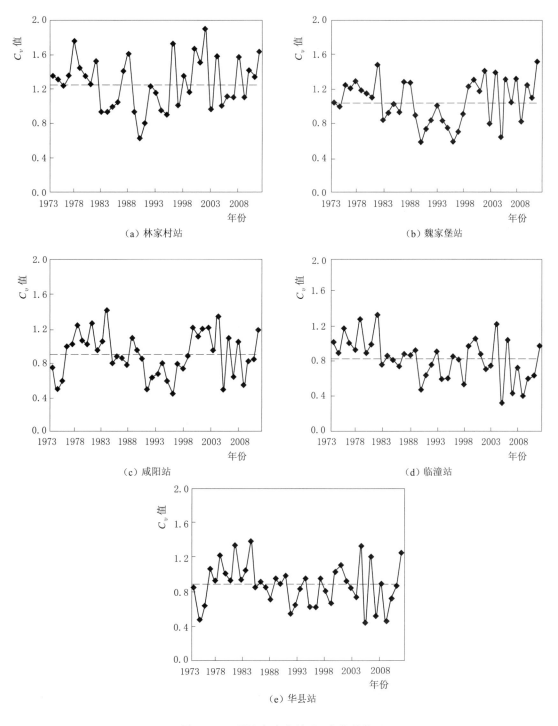

图 2-12　干流各水文站 C_v 变化趋势

变化趋势不大，特别是 20 世纪 90 年代以后有趋于平缓的趋势。因此，对于陕西省渭河流域而言，可以认为水利工程加强了对径流的调蓄作用。

表 2 - 2　　　　　陕西省渭河流域水文站点各年代 C_v 平均值

站点	1970—1979 年	1980—1989 年	1990—1999 年	2000—2009 年	2009—2011 年
千阳	1.135	0.968	0.772	0.983	1.259
鹦鸽	1.113	1.005	0.814	0.943	1.061
黑峪口	1.048	1.007	0.830	1.108	1.330
安头	1.398	1.215	1.034	1.324	1.458
林家村	1.156	1.071	0.956	1.117	1.281
魏家堡	0.939	0.953	0.875	0.935	0.951
咸阳	1.023	0.897	0.719	0.701	0.730
临潼	0.942	0.952	0.768	0.808	0.947
华县	1.135	0.968	0.872	0.983	1.059

3. 最枯月平均流量

渭河主要水文站点最枯月平均流量变化趋势如图 2 - 13 和图 2 - 14 所示。可以看出，对支流站点而言，最枯月平均流量线性变化趋势比较显著，除鹦鸽站呈上升趋势外，其余

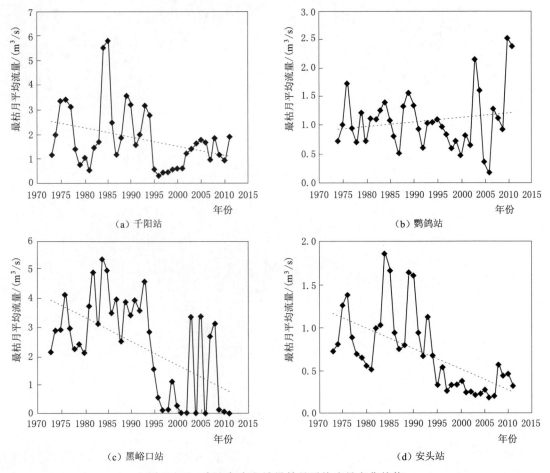

（a）千阳站　　　　　　　　　　　（b）鹦鸽站

（c）黑峪口站　　　　　　　　　　（d）安头站

图 2 - 13　支流各水文站最枯月平均流量变化趋势

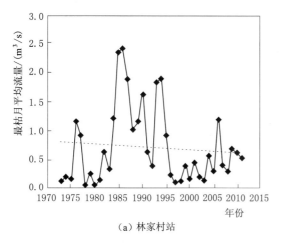

（a）林家村站

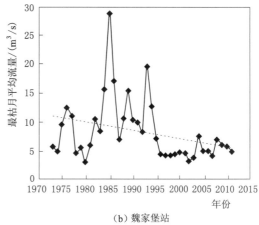

（b）魏家堡站

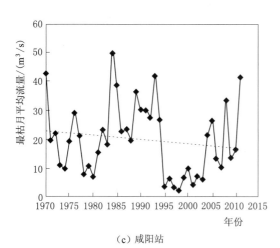

（c）咸阳站

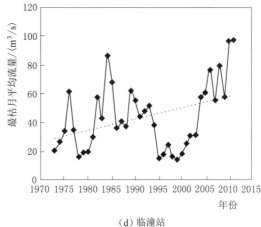

（d）临潼站

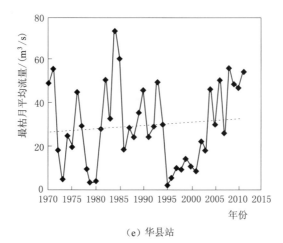

（e）华县站

图 2-14　干流各水文站最枯月平均流量变化趋势

站点均呈显著下降趋势。对干流站点而言，最枯月平均流量变化趋势显著性不强，除林家村、魏家堡、咸阳水文站呈略微下降趋势外，下游临潼、华县站点呈上升趋势，说明上游引水对干流流量降低有所影响，而下游因为接受回归水和农业节水导致实际蒸散发消耗量降低，最枯月平均流量呈现与上游段相反的趋势，这一变化趋势与水利工程的调蓄作用密不可分，同时也体现了生态效应的累积性这一特点。

此外，从最枯月平均流量发生的时间分布来看，支流站点多发生在 1—3 月，而干流站点在 2—6 月和 12 月都有发生，说明水利工程在增加干流枯季流量的同时，也打乱了自然河流的水文节律，从而导致大量的生态问题，尤其是对鱼类的生存产生很大影响。

2.4.3.2 二级生态评价评价

1. 监测断面现状水质

陕西省渭河流域包含 11 条河流、26 个监控断面（含国控断面 7 个），干流和支流各有 13 个断面。2011 年水质状况及主要污染物状况见表 2-3。从表 2-3 中可以看出，对渭河干流而言，林家村断面为Ⅱ类水质、卧龙寺桥和常兴桥断面为Ⅲ类水质、虢镇桥断面为Ⅳ类水质，其余断面基本为劣Ⅴ类水质；对于渭河支流而言，金陵河水质较好，为Ⅲ类，黑河和沣河为Ⅳ类水质，其余支流基本为Ⅴ类或劣Ⅴ类水质。主要污染指标为 NH_3-N、BOD_5、COD、石油类、挥发酚、高锰酸盐指数。总体来看，渭河干流的水质从上游到下游逐渐变差，支流没有修建水利工程的河段水质优于其他河段，支流水质略好于干流。

表 2-3 2011 年陕西渭河水系监测断面水质状况表

序号	河流	断面名称	断面所在地	断面水质	主要污染指标
1	渭河干流	林家村	宝鸡市渭滨区	Ⅱ	
2		卧龙寺桥*	宝鸡市金台区	Ⅲ	
3		虢镇桥	宝鸡市宝鸡县	Ⅳ	石油类、BOD_5、COD
4		常兴桥	宝鸡市眉县	Ⅲ	
5		兴平	兴平市西吴镇	劣Ⅴ	石油类、六价铬、COD、BOD_5、NH_3-N
6		南营	兴平市南营村	劣Ⅴ	高锰酸盐指数、石油类、BOD_5、COD、NH_3-N
7		咸阳铁桥*	咸阳市渭城区	劣Ⅴ	高锰酸盐指数、石油类、挥发酚、BOD_5、COD、NH_3-N、DO
8		天江人渡*	西安市未央区	劣Ⅴ	高锰酸盐指数、挥发酚、石油类、BOD_5、NH_3-N、COD、DO
9		耿镇桥*	西安市高陵县	劣Ⅴ	高锰酸盐指数、石油类、BOD_5、NH_3-N、COD、DO
10		新丰镇大桥	西安市临潼区	劣Ⅴ	高锰酸盐指数、石油类、挥发酚、BOD_5、NH_3-N、DO、COD、
11		沙王渡	渭南市临渭区辛市乡沙王渡口	劣Ⅴ	高锰酸盐指数、挥发酚、石油类、COD、BOD_5、NH_3-N
12		树园	渭南市临渭区程家乡	劣Ⅴ	挥发酚、石油类、COD、BOD_5、NH3-N
13		潼关吊桥*	潼关县吊桥渡口	劣Ⅴ	石油类、NH_3-N、BOD_5

序号	河流	断面名称		断面所在地	断面水质	主要污染指标
14		金陵河	石油桥	宝鸡市金台区	Ⅲ	
15		灞河	灞河口*	西安市灞桥区浐灞生态园	Ⅳ	NH$_3$-N、石油类、COD
16			三郎村	灞桥区西航花园	劣Ⅴ	高锰酸盐指数、挥发酚、石油类、BOD$_5$、COD、DO、NH$_3$-N
17	渭	黑河	黑河入渭口	西安市周至县	Ⅳ	石油类
18	河	沣河	三里桥	咸阳市三里桥	Ⅳ	石油类、COD
19		皂河	农场西站	西安市未央区	劣Ⅴ	高锰酸盐指数、挥发酚、石油类、COD、BOD$_5$、NH$_3$-N、DO、
20		涝河	涝河入渭口	户县大王镇	Ⅳ	石油类、NH$_3$-N、COD、BOD$_5$
21	支	临河	临河入渭口	西安市临潼区	劣Ⅴ	石油类、高锰酸盐指数、BOD$_5$、COD、NH$_3$-N、
22		沈河	张家庄	渭南市临渭区	Ⅴ	石油类、高锰酸盐指数、COD
23	流	漆水河	金锁	铜川市印台区	Ⅱ	
24			三里洞	铜川市王益区	劣Ⅴ	高锰酸盐指数、石油类、挥发酚、BOD、COD、NH$_3$-N、DO
25			新村	铜川市王益区	Ⅴ	砷、NH$_3$-N、COD、BOD$_5$
26		北洛河	王谦村*	大荔县石槽乡	Ⅴ	石油类、挥发酚、高锰酸盐指数、BOD$_5$、COD

注 "*"表示国控断面。

2. 河流水质综合评价

据统计,20 世纪 80 年代,渭河废污水排放总量达 4.7 亿 t 左右,到 2000 年废污水的排放总量超过了 10 亿 t,渭河干流废污水排放量达到了 9 亿 t,排放总量是 80 年代的 3 倍多。根据《陕西省环境状况公报》,2001—2011 年,渭河干流 13 个水质监测断面水质变化见表 2-4。

表 2-4　　　　2001—2011 年渭河干流断面水质变化分析

年份	水质类型断面数					主要污染物
	Ⅱ	Ⅲ	Ⅳ	Ⅴ	劣Ⅴ	
2001				2	11	石油类、NH$_3$-N、高锰酸盐指数、BOD
2002			1		12	石油类、NH$_3$-N、挥发酚、高锰酸盐指数、COD
2003		1	1	2	9	石油类、NH$_3$-N、挥发酚、高锰酸盐指数、COD
2004		3	1		9	石油类、NH$_3$-N、挥发酚、高锰酸盐指数、COD
2005	1	1	2		9	石油类、NH$_3$-N、挥发酚、高锰酸盐指数、COD
2006	1	1	2		9	石油类、NH$_3$-N、挥发酚、高锰酸盐指数、BOD$_5$

续表

年份	水质类型断面数					主 要 污 染 物
	Ⅱ	Ⅲ	Ⅳ	Ⅴ	劣Ⅴ	
2007	1	2	1		9	石油类、NH_3-N、BOD_5、高锰酸盐指数、挥发酚和 COD
2008	1	1	2		9	石油类、NH_3-N、BOD_5、高锰酸盐指数、挥发酚和 COD，主要污染物浓度均比 2007 年有不同程度的下降
2009	1	2	1		9	主要污染物与 2008 年相同，但浓度均有不同程度下降
2010	1	2	1		9	石油类、NH_3-N、COD、BOD_5、高锰酸盐指数，与 2009 年相比，浓度均有不同程度下降
2011	1	2	1		9	NH_3-N、COD、BOD_5、高锰酸盐指数，与 2010 年相比，浓度均有不同程度下降

可以看出，2001—2003 年，13 个监测断面中，100%超过水域功能标准，但水质类型由 2001 年的Ⅴ类、劣Ⅴ类好转至 2003 年出现 1 个Ⅲ类水质断面；2004—2006 年，13 个监测断面中，76.9%的断面超过水域功能标准，2005 年和 2006 年出现 1 个Ⅱ类水质断面；2007—2011 年，13 个监测断面中，Ⅱ类水质断面 1 个，Ⅲ类水质断面 2 个，69.2%的断面超水域功能标准，咸阳兴平至渭南潼关吊桥 9 个断面均为劣Ⅴ类。总体来看，2000年，渭河流域的水质达到最差，这与人类活动大量引水导致河道内径流量的减少有直接关系，此后经过治理，2001—2011 年渭河干流水质整体有所改善，主要污染物浓度均有下降趋势，但局部河段仍不乐观。

2.4.3.3   三级生态效应评价

1. 鱼类

鱼类作为水生态系统的顶级群落，关系到水生态系统的稳定，也是水利工程最直接的受害者。宋世良等[255]对渭河上游鱼类区系进行了调查研究；黄洪富[256]对渭河中段鱼类进行了调查研究。受调查范围、资料标本的限制，上述调查无法对渭河全流域的鱼类区系进行深入分析。许涛清等[257]和武玮等[258]先后对渭河全流域进行了全面的考察研究。总结上述调查研究结果，见表 2-5。

表 2-5   渭河鱼类目、科、属、种调查分析结果[258]

目	科	渭河上游			渭河全流域					
		20 世纪 80 年代			20 世纪 80 年代			2011—2013 年		
		属	种	占种总数/%	属	种	占种总数/%	属	种	占种总数/%
鲑形目	银鱼科*	0	0	0	0	0	0	1	1	2
	鲑科	0	0	0	1	1	1.7	1	1	1.9
鲤形目	鳅科	3	6	26.1	4	8	13.8	4	15	29.4
	鲤科	13	13	56.5	30	39	67.3	20	22	43.1
鲇形目	鲇科	0	0	0	1	1	1.7	1	1	1.9
	鲿科	0	0	0	2	4	6.8	2	3	5.9

目	科	渭河上游			渭河全流域					
		20世纪80年代			20世纪80年代			2011—2013年		
		属	种	占种总数/%	属	种	占种总数/%	属	种	占种总数/%
鲱形目	青鳉科*	0	0	0	0	0	0	1	1	2
合鳃目	合鳃科	1	1	4.3	1	1	1.7	0	0	0
鲉形目	鲉科	1	1	4.3	0	0	0	0	0	0
鲈形目	塘鳢科	1	1	4.3	1	1	1.7	1	1	1.9
	鰕虎鱼科	1	1	4.3	1	2	3.4	1	5	9.8
	鳢科	0	0	0	1	1	1.7	1	1	2
合计		20	23	100	42	58	100	33	51	100

注 "＊"表示调查发现的物种。

20世纪80年代，渭河上游共鉴定出鱼类4目、6科、20属、23种，其中，鲤科鱼类为渭河上游鱼类种群的优势类群，共13属、13种，占鱼类物种总数的56.5%；鳅科鱼类次之，共3属、6种，占总数的26.1%；合鳃科、塘鳢科、鲉科、鰕虎鱼科各1属、1种，各占总数的4.3%。

20世纪80年代，渭河全流域共鉴定出鱼类5目、9科、42属、58种。2011—2013年，渭河全流域共鉴定出鱼类5目、10科、33属、51种。与80年代调查结果对比，鱼类的目数没有发生改变，不同的是2011—2013年没有调查到合鳃目，然而新发现了鲱形目；鱼类的科数由80年代的9科增加到10科，2011—2013年未调查到合鳃目中的合鳃科，但新发现了鲑形目的银鱼科和鲱形目的青鳉科；鱼类的属和种由20世纪80年代的42属、58种减少到33属、51种。

20世纪80年代，鲤科和鳅科为渭河全流域鱼类群落的优势类群，广泛分布于渭河整个河段，其中鲤科最多，共30属、39种，占鱼类物种总数的67.3%；鳅科次之，共4属、8种，占总数的13.8%。2011—2013年仍以鲤科和鳅科为优势类群，鲤科鱼类最多，鳅科次之，与20世纪80年代调查结果对比，鲤科的属、种数分别减少了10属、17种；鳅科的属数不变，种数增加了7种。

20世纪80年代，渭河流域上、中、下游的鱼类种数分别为23种、27种和54种，2011—2013年鱼类种数分别为32种、39种和42种。与20世纪80年代调查结果对比，流域上、中游的鱼类物种数均有所增加，下游的鱼类物种数有所减少。其中，鳅科和鰕虎鱼科鱼类物种数量有所增加，鲤科鱼类物种数量有所减少，其他物种数量无明显变化。可以看出，从上游到下游，鱼类物种数量越来越丰富，群落结构越来越复杂。

武玮等[258]采用改良健康指数MIWB[259]对渭河全流域鱼类完整性进行了评价。调查结果显示，渭河源头至宝鸡干流，北岸的支流，包括通关河和千河，南岸的支流，包括藉河和黑河，鱼类完整性相对较高；关中地区、泾河的中下游、北洛河源头与下游鱼类完整性较差。整体来看，渭河上游鱼类完整性高于下游，干流鱼类完整性高于支流。

2. 大型底栖动物

大型底栖动物是河流、湖泊、水库、河口等生态系统的重要组成部分。藻类、悬浮有机物颗粒、河岸带的凋落物是大型底栖动物的食物来源，它同时也为鱼类提供食物[260]。大型底栖动物的类群组成决定了河流中物流和能流的流动方式。殷旭旺等[261]对渭河流域大型底栖动物的群落结构进行了调查研究。

调查结果显示，渭河流域共有大型底栖动物 116 种（属），隶属于 7 纲、16 目、56 科，其中包括水生昆虫 91 种（属）、软体动物 12 种、环节动物 9 种、甲壳动物 4 种，分别占总种（属）的 78.4%、10.3%、7.8% 和 3.4%。流域内的大型底栖动物以水生昆虫、寡毛类环虫及软体动物为主。广布种四节蜉属、纹石蛾属主要分布在上游支流站点，其他广布种如霍甫水丝蚓等寡毛类环虫及半球多脉扁螺等软体动物主要分布在中下游站点。可以看出，渭河流域物种丰富度在中游站点达到最大，在下游站点降到最低，原因在于随着河流级别的增加，物种丰富度随之增加，并在中间级别的站点达到最大，而后降低[262]。

总体来看，渭河流域鱼类完整性及大型底栖动物丰富度相对较低，从源头到中下游，均有减小趋势。这一变化与上述一、二级生态效应有直接或间接联系。

2.5 本章小结

本章首先介绍了生态效应相关理论，从是否受到人类活动干预的角度将生态效应划分为自然生态效应和社会生态效应两类，初步建立了生态效应综合评价指标体系；其次，介绍了水利工程生态效应的概念与内涵，分析了水利工程与生态环境、社会、经济三大系统的关系；再次，提出了水利工程三级生态效应，分析了三者之间的作用关系，遵循系统性、简洁性、操作性强的原则，建立了可量化的水利工程生态效应评价指标体系；最后，选择陕西省渭河流域 5 个典型气象站点和 9 个典型水文站点对流域内大型水利工程生态效应进行评价。主要结论如下：

（1）自然生态效应评价结果：流域自然生态效应总体呈现稳定并略有下降趋势，流域内降雨量的减少和温室效应导致的气温升高会对流域内的水文情势和水资源本底值产生一定影响，其他指标虽有影响，但影响不大。人类活动干扰以及社会经济发展是流域水资源、水环境、水生态发生变化的主要原因。

（2）一级生态效应评价结果：水利工程上游支流站点各项指标变化不大，基本与自然状态接近。其中，径流量的减少与渭河整体降雨量的减少和温度上升有一定关系，径流年内分配变化较为显著，均呈先减少后增加趋势，最枯月平均流量均呈显著下降趋势（除鹦鹉站外）。干流站点受上游工程的调蓄作用，各项指标均有显著改变。其中，径流量均呈显著减少趋势，径流年内分配有趋于平缓的趋势，最枯月平均流量除林家村、魏家堡、咸阳站呈略微下降趋势外，临潼和华县站呈上升趋势。

（3）二级生态效应评价结果：渭河干流水质从上游到下游逐渐变差，支流未修建水利工程的河段水质优于其他河段，支流水质略好于干流。流域内主要污染指标为 NH_3-N、BOD_5、COD、石油类、挥发酚、高锰酸盐指数等。2001—2011 年，渭河干流水质整体有所改善，主要污染物浓度有下降趋势。

（4）三级生态效应评价结果：渭河上游鱼类完整性高于下游，干流高于支流，大型底栖动物物种丰富度在中游达到最大，下游降到最低。总体来看，流域内鱼类完整性和物种丰富度整体较低，这一变化与上述一级、二级生态效应有直接或间接联系。

整体来说，水利工程建设运行是流域水文情势发生改变的根本原因，一级生态效应作为水利工程生态效应最直接的反映形式，是所有二级、三级生态效应的驱动力。

3

可变区间分析法确定河道生态流量

3.1 生态流量相关概念辨析

生态流量是维系河湖生态系统结构和功能，保障流域经济社会可持续发展的重要基础。随着城镇化进程的加快，当前我国河湖水系面临水资源短缺、水域面积萎缩、水体污染严重、生物栖息地被破坏等突出问题，河湖健康生命受到威胁，将成为人类经济社会发展面临的一个严峻挑战。科学确定河道生态流量是控制水资源开发强度的重要指标和统筹"三生"用水的重要基础，事关河湖健康、生态文明建设、高质量发展。生态流量概念及内涵的辨析是其确定和保障的前提，目前相关概念众多、术语表达多样。经过不断的探索与实践，生态流量相关概念形成了三个行业标准，见表 3－1，其中与生态流量关系最为密切的是生态基流和生态需水。

表 3－1　　　　　　　　　生态流量相关行业标准

行业标准	术　语	定　义
河湖生态需水评估导则	生态需水	将生态系统结构、功能和生态过程维持在一定水平所需要的水量，指一定生态保护目标对应的水生态系统对水量的需求
	生态流量	生态需水中的某个流量，具有某种生态作用
河湖生态需水计算规范	河道内生态环境需水量	为维系河流、湖泊、沼泽给定的生态环境保护目标，需要保留在河道内的水量。给定的生态环境保护目标是指根据水资源条件和开发利用状况，合理确定的需要维系的生态环境功能

行业标准	术　语	定　义
河湖生态需水计算规范	河道内基本生态环境需水量	为维系河流、湖泊、沼泽给定的生态环境保护目标所对应的生态环境功能不丧失需要保留在河道内的最小水量。河道内基本生态环境需水量是河道内生态环境需水要求的下限值
	河道内目标生态环境需水量	为维系河流、湖泊、沼泽给定的生态环境保护目标所对应的生态环境功能正常发挥，需要保留在河道内的水量。河道内目标生态环境需水量是河道外经济社会消耗河湖水量的控制值
水资源保护规划编制规程	生态基流	为维持河流基本形态和基本生态功能，即防止河道断流，避免河流水生生物群落遭受到无法恢复破坏的河道内最小流量
	敏感生态需水	维持河湖生态敏感区正常生态功能的需水量及过程；在多沙河流，一般还要同时考虑输沙需水量。敏感生态需水一般只考虑生态保护对象在敏感期内的生态需水

3.1.1　生态基流

国外发达国家河流生态基流的研究较早，从满足河流的航运功能、保护渔业资源和生物多样性、生态系统可持续发展等多个方面不断完善了河流生态基流的概念和内涵，形成了相对系统的理论体系，关于河流生态基流及其相关概念使用较多的有环境流量（Environmental Flow）、河道内流量（In - stream Flow）、最小流量（Minimum Flow）、最小可接受流量（Minimum Acceptable Flow）等。我国在 20 世纪 70 年代以西北干旱地区的生态基流研究为起点至今，大致经历了探索、起步、发展和完善四个阶段，并于 2002 年水资源论证之后界定了生态基流的概念。河流生态基流指为维持河流基本形态和基本生态功能所需的流量，重点在于河流最基本的功能，即维持河流不断流所需的流量。根据生态基流的定义可知，其功能范围是自然生态系统，侧重点是保证河道不断流。因此，生态基流具有以下特征：

（1）生态基流并不一定是一个固定值。对于具体河段，较早的研究以年为时间尺度，计算出单一基流；随着需求的变化，研究的时间尺度逐渐细化，得到生态基流的年内变化过程，由于径流变化及人类扰动的规律性，生态基流的年内变化过程是相对稳定的。

（2）生态基流初始与生态服务对象无关。对于具体河段，在没有生态流量这一要求之前，以往的生态基流被赋予的功能除了河流不断流之外，还包括水生生物生存、景观湿地需水、河流自净需水等，但随着强竞争用水态势的加剧及强监管的不断落实，生态基流已无法满足各类生态服务对象的用水需求，生态流量就是在这个背景下被提出的，而基流的内涵也应该重新被审视，即生态基流应是考虑河流的水文条件后基于算法得到的，重点在于河流的最基本的功能，即满足其自然属性，不必额外考虑各类生态服务对象的需水，基流范围被缩小、界定更明确。

3.1.2　生态需水

生态需水按照空间位置（堤防内外）和补给来源划分，有河道内和河道外两种。河道内生态问题往往不容易被忽视，但河道外也有生态问题，且河道外生态是和生活、生产区分开来的，因为要强调生态，所以服务对象是除生活、生产以外的生态。

河流除了自然属性之外，还有其功能属性和服务属性。因此，生态需水的前提是明确生态保护对象，也就是本研究所指的生态服务对象，要维持各类生态服务对象的结构和功能，而结构作为功能的基础，是保护的核心。与水量过程直接相关的生物结构和物理结构，包括河湖基本形态、鱼类等水生生物生存、河流的纵向及横向连通等，衍生出所要保护的水生态功能包括输沙、自净、河口压咸等。

对于具体河流而言，首先要明确某一河段的生态服务对象有哪些，进而计算服务对象的生态需水量，之后才能确定服务对象所需的生态需水量需要多少的生态流量去保证。不同河段生态服务对象类别和需求不同，且受人类活动影响较为明显。因此，要具体问题具体分析。

3.1.3 生态流量

河湖的开发利用带来了生态环境问题，纯自然状态下就不存在生态流量问题，河湖生境就是自然而然。然而，由于人类在河道内外取用水量的日益增加，不断占用自然生态系统依赖的河湖水量，导致生态环境问题日益突出，因此要加强生态流量监管，确保生态流量稳定泄放。生态流量和生态需水是紧密联系的，如果不说明和考虑清楚生态需水，生态流量就没有依据。实际工作中，生态服务对象往往不止一个、难以细化计算生态需水，对生态流量的确定自然就存在争议，精准量化反而给管理造成混乱。而生态基流的初始值与生态服务对象无关，这就简化了计算因素和条件，使生态基流可以计算。

生态流量的概念与计算方法并不统一，对于河湖生态流量确定的系统性、普适性框架研究较少。主要原因在于水循环存在显著的时空差异性，河湖径流量时空分布不均，河流水体的其他水文要素和自然因子显现出的动态特征，致使生态流量具有动态性，同时来水过程、需水过程的不确定，调配决策能力不同等因素都决定了生态流量是一个动态变化的量，难以准确量化；当前国内外学者大多针对特定河段，采用某一特定水文条件或者一些确定的方法计算河湖生态流量，其结果往往是一个或一组特定的值，这显然与生态流量所具有的动态特性不符，不利于生态流量的落实与监管，可操作性不强；生态流量是一个科学概念，更是一个管理工具，生态流量的确定应当逐步从静态到动态，更好适应发展变化。基于此，本书从可操作、可管理的角度对生态流量进行了重新定义，即在生态基流相对固定的基础上（固定区间），增加一个可变的提升量（可变区间），生态基流与提升量之和即为生态流量，此时得到的生态流量为可变区间，如图 3-1 所示。

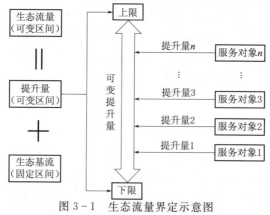

图 3-1 生态流量界定示意图

3.2 可变区间分析法

3.2.1 基本概念

本书从生态流量概念辨析出发，提出一种河道生态流量计算的新方法——可变区间分析法，以协调各类用户高度竞争的用水局面，对于其他用户的用水需求，本书提出了层次化用水的分析方法（详见第 4 章）。可变区间分析法综合考虑时空变化、来水变化、服务对象变化、计算方法变化等多种可变因素，在维持河道不断流的基础上对河湖生态系统功能进行改善和修复，即在生态基流相对固定的基础上增加一个可变的提升量来确定生态流量。其中，生态基流是一个固定区间，提升量是一个可变区间，由此得到的生态流量也是一个可变区间。不同时空尺度、不同水文条件、不同服务对象、不同计算方法及参数下，生态流量有所差异，符合生态流量动态变化的特征。因此，将该方法称为可变区间分析法。

生态基流是为维持河道不断流，避免水生生物群落遭受到无法恢复破坏的河道内最小流量。根据生态基流的定义可知，其重点是满足河道自然属性，即水源、河道走水传输等，不必额外考虑各类生态服务对象的需水；代表河湖生态系统的基本效益，必须予以满足。由于径流变化及人类扰动的规律性，生态基流的大小可以用一个固定区间来表达，按照《河湖生态需水评估导则（试行）》（SL/Z 479—2010）的指导要求，采用多种生态基流的计算方法，得到若干组计算结果，取其下包线作为区间的下限，上包线作为区间的上限。

提升量是为维系河湖生态系统的结构和功能，满足各类生态服务对象用水需求，在生态基流的基础上所需提升的水量。生态服务对象包括河道内生态服务对象和河道外生态服务对象两大类。前者按照需要维系的生态环境功能划分，包括河湖基本形态、基本栖息地、鱼类、景观、自净、输沙等；后者按照生态环境各项建设要求划分，包括河湖湿地、城镇绿地、环境卫生、生态林草等。在竞争性的用水形势下，生态服务对象的需水过程难以全部满足，在保证河道不断流的前提下，需根据服务对象的需水优先级依次满足。提升量的大小可以用一个可变区间来表达，区间下限为零，上限需根据水文条件及具体河（湖）段生态服务对象需水水平动态确定；提升量的满足程度反映了河湖管理水平及河湖生态系统能够改善和修复的能力。由此产生的生态流量也是一个可变区间，生态流量下限为生态基流的下限，生态流量上限为生态基流上限与提升量上限之和。

可变区间分析法具有以下特征：

（1）时空尺度动态变化。空间尺度上考虑了河道上、中、下游的水文特点、生态环境功能分区及人类经济活动的影响，灵活增加或删除控制断面。时间尺度上可以选择年尺度和月尺度等。

（2）水文条件动态变化。水文过程是一个随时空动态变化的过程，具有不确定性和随机性，在长序列水文资料中，可以选取丰、平、枯水年分别进行计算。

（3）服务对象动态变化。国民经济发展对生态功能规划及水质保护目标的要求不同，对于具体河（湖）段，不同服务对象的需水组合可以用提升量（可变区间）来表达，以适应服务对象的动态变化。

（4）计算方法及其参数动态变化。时空尺度不同、水文条件不同、服务对象不同，所需的流量过程各具特征，计算方法及其参数的动态调整能够适应时空尺度变化、来水变化和需水变化。

此外，为了更好地协调不同用水户的水量需求，确保生态流量更好的落实，综合考虑断面生态服务对象的需水优先级，可将提升量区间进一步细分为小区间，生态流量区间也相应发生改变。当来水充足时，能够满足所有生态服务对象的水量需求，对应大区间；当来水少时，可根据生态服务对象的需水优先级，满足部分生态服务对象的水量需求，对应小区间。

3.2.2 总体框架

基于可变区间分析法的生态流量计算总体框架如图 3-2 所示，具体步骤如下：

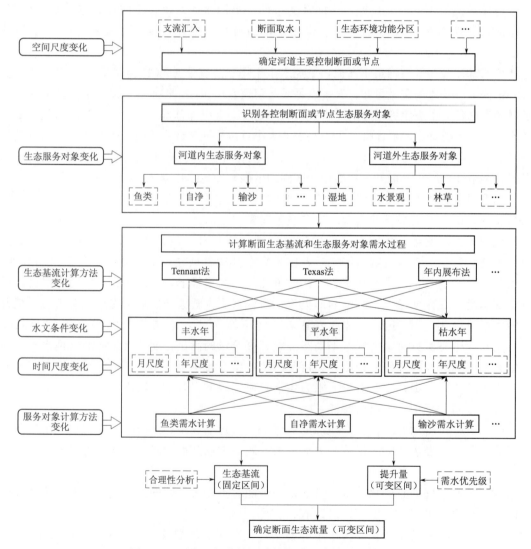

图 3-2 可变区间分析法计算河道生态流量总体框架

步骤一：确定河流主要控制断面或控制节点。综合考虑支流汇入、断面取水、生态功能区划、上下游特点等因素，选取具有代表性控制断面或控制节点。每个断面或节点控制的集水区可视为独立单元，能够发挥特定的生态服务功能。

步骤二：识别每个控制断面或节点对应河段生态服务对象。识别各控制断面与控制节点的主要生态服务功能，明确河道内生态服务对象和河道外生态服务对象。

步骤三：确定断面生态基流区间。根据河流特点和现有资料，选择多种方法确定各控制断面或节点的生态基流区间。

步骤四：确定提升量。根据步骤二的生态服务对象，确定不同类型生态服务对象的需水量计算方法。综合考虑各类需水量之间的相互满足关系，确定提升量的上下限，即可变区间。

步骤五：确定生态流量的上下限，也是一个可变区间。

3.2.3　计算方法

3.2.3.1　生态基流计算方法

水文学法出现最早并且应用最广泛，适用于设定河湖初级目标和国家性战略决策。因此，本书采用多种水文学方法计算生态基流，对比分析各种方法的适用性，通过合理性检验，最终确定生态基流区间。

（1）Tennant 法。Tennant 法也称 Montana 法，目前在国内外应用较为广泛。Tennant法将年平均流量的百分比作为基流量，具有宏观定性指导意义。Tennant法通过分析美国 11 条河流的断面数据，建立了水生生物、河流景观、娱乐和河流流量之间的关系，见表 3 - 2。研究表明，多年平均径流量的 10％是保持河流生态系统健康的最小流量，多年平均径流量的 30％能为大多数水生生物提供较好的栖息条件。本书选择多年平均流量 10％作为生态基流。

表 3 - 2　　　　河道流量与河流生态健康关系

生态系统健康状况	生态基流（占年平均流量的百分数）/％	
	一般用水期（10月至次年3月）	鱼类产卵育幼期（4—9月）
最大	200	200
最佳流量	60～100	60～100
极好	40	60
非常好	30	50
好	20	40
开始退化	10	30
差或最小	10	10
极差	<10	<10

（2）Texas 法。根据各月的流量频率曲线，选取 50％保证率下月流量的特定百分率作为生态基流。根据渭河宝鸡段典型植物及鱼类的水量需求，特定百分率取 20％为宜。

（3）7Q10 法。将 90％保证率下最枯连续 7d 实测径流量的平均值作为生态基流。该方法适用于有纳污需求的河流。

（4）Hoope 法。首先根据日流量资料绘制流量历时曲线，其中 17% 对应的流量为淹没流量，40% 对应的流量为产卵流量，80% 对应的流量为生长流量。

（5）频率曲线法。对长系列水文资料进行整编，构建各月水文频率曲线，以 95% 频率下的流量作为生态基流。

（6）年内展布法。以天然径流过程的特征变量确定同期均值比，将同期均值比与多年月均径流相乘，求得月尺度生态基流，适用于有连续径流过程的大中型河流。计算公式如式（3-1）～式（3-4）所示。

计算多年年均径流量和最小年均径流量：

$$\overline{Q} = \frac{1}{12} \sum_{i=1}^{12} \overline{q}_i \tag{3-1}$$

$$\overline{Q}_{\min} = \frac{1}{12} \sum_{i=1}^{12} q_{\min, i} \tag{3-2}$$

式中：$\overline{q}_i$ 为第 i 个月的多年平均流量，m^3/s；$q_{\min, i}$ 为第 i 个月的多年最小月均径流量，m^3/s。

同期均值比：

$$\eta = \frac{\overline{Q}_{\min}}{\overline{Q}} \tag{3-3}$$

各月生态基流：

$$Q_i = \overline{q}_i \times \eta \tag{3-4}$$

（7）最小月平均实测径流法。该方法将最小月平均流量的多年平均值作为河流的生态基流，计算公式为

$$Q_m = \sum_{i=1}^{n} \min(Q_{ij})/n \tag{3-5}$$

式中：Q_{ij} 为第 i 个月第 j 天的平均流量，m^3/s；Q_m 为第 m 个月的生态基流，m^3/s；n 为统计年数。

（8）NGPRP 法。首先对历史径流进行丰、平、枯水文年分组，取平水年组 90% 保证率下的流量作为生态基流。

（9）月（年）保证率设定法。具体步骤和计算方法可以概括为：

1）基于历史径流资料对各月天然径流量由大到小排序。

2）计算各月份多年平均月天然径流量和多年平均天然径流量。

3）基于上述结果，以年平均天然径流量的 10% 作为生态基流确定依据。

4）若上述结果占年平均天然径流量的百分比小于 10% 的情况，则以年平均天然径流量的 30% 作为生态基流；若上述结果占年平均天然径流量的百分比大于 10% 的情况，则按照年平均天然径流量的 10% 计算。

（10）Q90 法。提取水文历史资料中各年最小月平均流量，对其进行排频，以 90% 保证率下最枯月平均流量为生态基流，计算季节性河流或冰封期河流时需要除去无水月份。

（11）基流比例法。将长系列径流资料划分为丰、平、枯、特枯四种年型，首先确定

某一年型的基流比例，通过该年型与其他年型平均径流量的比值，推求出其他各年型的基流比例及生态基流值。方法计算步骤见下：

1）采用距平百分率法划分年型。将长系列径流资料划分为丰、平、枯及特枯年，距平百分率计算公式为

$$E = \frac{Q_i - Q_a}{Q_a} \times 100\% \tag{3-6}$$

式中：E 为断面距平百分率；Q_i 为断面第 i 年的平均径流量，m^3/s；Q_a 为断面多年平均径流量，m^3/s。

2）采用传统方法，例如 Tennant 法等确定某一年型的基流比例并对其进行验证。基流比例计算公式如下：

$$T_{i+1} = [1 + (Q_i / Q_{i+1} - 1)\mu] T_i \tag{3-7}$$

$$\alpha = 1 + (Q_i / Q_{i+1} - 1)\mu \tag{3-8}$$

$$T_{i+1} = \alpha T_i \tag{3-9}$$

式中：T_i 为断面第 i 年型的基流比例，%；$i = 0$、1、2、3，依次为丰水年、平水年、枯水年和特枯水年，一般 $T_{i+1} > T_i$；Q_i 为断面第 i 年型的年平均径流量，$Q_i > Q_{i+1}$，m^3/s；$Q_i / Q_{i+1} - 1$ 为第 i 年型径流量比第 $i+1$ 年型增加的比值；α 为比例倍数，即第 $i+1$ 年型与第 i 年型基流比例的比值；μ 为比例削减系数，$0 \leqslant \mu \leqslant 1$。$\mu = 1$ 时表示比例不削减，基流比例与径流量之间的比值为直接关系，各年型的生态基流量一样；$\mu = 0$ 时表示比例完全削减，基流比例与径流量之间的比值没有关系，各年型的基流比例一样。

（12）近 10 年最枯月平均流量法。采用近 10 年最枯月平均流量作为生态基流，适用于非季节性河流且资料不足地区，计算结果可以满足河流的纳污需求。

（13）Lyon 法。将年内流量按照丰水期和枯水期划分，计算尺度为月尺度，计算公式为：

$$Q = \begin{cases} 0.4Q_{\text{mid}} & Q_m \leqslant Q_a \\ 0.5Q_{\text{mid}} & Q_m > 0.8 \times Q_a \end{cases} \tag{3-10}$$

式中：Q 为生态流量，m^3/s；Q_m 为月平均流量，m^3/s；Q_a 为年平均流量，m^3/s。

（14）逐月最小生态径流计算法。将流量资料按月划分，然后取各月平均径流系列的最小值作为该月份的最小生态径流量。

（15）逐月频率计算法。划分丰、平、枯水期，对不同水期设定不同的保证率，其中枯水期保证率为 90%，平水期保证率为 70%，丰水期保证率为 50%，各时期在对应保证率下的径流量即为生态基流。

（16）改进 Tennant 法。针对 Tennant 法的缺陷，从时空变化大、流量适宜性较弱和普适性较差三个方面对 Tennant 法进行改进。三个问题分别对应年均值法、同期均值法和改进百分系数法三种改进方法。

1）年均值法（改进 Tennant[1]）。以中位数或众数替代均值，该方法针对 Tennant 法未考虑时空变化大的问题，考虑了极端流量对年平均流量的影响。

2）同期均值法（改进 Tennant[2]）。以月均流量或典型年流量代替多年平均流量，该方法针对 Tennant 法未考虑流量季节性变化和丰枯性变化的问题，提出改进对策。

3）改进百分系数法（改进 Tennant[3]）。针对 Tennant 法确定的生态基流为固定值，在应用过程中，可能会造成低流量期间对水环境的严重损失。因此，将规定百分比改为对应的水文情势流量，引入季节系数来修正百分比系数。

3.2.3.2　生态服务对象计算方法

（1）基本形态需水。基本形态需水通常采用河床形态分析法计算，可按照丰、平、枯或汛期、非汛期进行分析，重点在于分析维持枯水河槽的水量（流量）。

（2）基本栖息地需水。基本栖息地需水可采用湿周法计算，通过收集水生生物栖息地河道尺寸及对应的流量，建立湿周—流量关系曲线，将曲线中拐点对应的流量作为基本栖息地需水量。由谢才公式和曼宁公式建立湿周与流量的关系：

$$v = C \sqrt{RJ} \qquad (3-11)$$

$$Q = AC \sqrt{RJ} \qquad (3-12)$$

$$C = \frac{1}{n} R^{\frac{1}{6}} \qquad (3-13)$$

$$Q = \frac{J^{\frac{1}{2}} A^{\frac{5}{3}}}{n P^{\frac{2}{3}}} \qquad (3-14)$$

式中：v 为流速，m/s；n 为糙率；R 为水力半径，m；C 为谢才系数；A 为过水断面面积，m^2；P 为湿周，m；J 为水力坡度；Q 为基本栖息地所需流量，m^3/s。

（3）水景观需水。水景观生态环境需水一般为维持景观或者湖泊生态和环境功能所要消耗和补充的水量。水景观生态环境流量的计算有湖泊形态法和换水周期法两种[257]。本研究采用换水周期法计算水景观生态环境需水，水体交换周期参照其他类似人工景观和湖泊的换水周期，计算公式为

$$Q = \frac{W}{T} \qquad (3-15)$$

式中：Q 为水景观需水量，m^3/s；T 为换水周期，参照其他类似人工景观和湖泊的换水周期，s；W 为多年平均蓄水量，由景观水深和水面面积决定，m^3。

（4）自净需水。自净需水指在加强城市污染源防治的前提下，使河流水体达到水功能区划确定的水质目标所要求的最小水量。由于本书研究区域河道宽深比较小，河流污染物在各断面处能够较快均匀混合，仅在水流方向变化。因此，可采用一维水质模型计算自净需水量，按照段尾控制法，只有当终止断面处的流量为 Q'_{i-1} 时，才能达到水质目标要求，计算公式为

$$Q'_{i-1} = \frac{Q_{i-1} C_{i-1} \exp\left(-k \dfrac{L_i}{u_i}\right) + q_i s_i \exp\left(-k \dfrac{L_i}{2u_i}\right)}{C_{si}} - q_i \qquad (3-16)$$

式中：L_i 为某一水功能区河段长，km；C_{i-1} 为水功能区初始断面处的污染物浓度，mg/L；Q_{i-1} 为不考虑河流自净时初始断面处的设计流量，m^3/s；u_i 为设计流量下河道断面的平均流速，m/s；k 为污染物综合衰减系数，1/s；q_i 为该河段废污水排放流量，m^3/s，s_i 为废物水浓度，mg/L，此处将该河段内的多个排污口概化为一个集中排污口，概化排污口位于河段中点处，相当于一个集中点源，该集中点源的实际自净长度为河段长的一半；C_{si}

为终止断面处的目标水质浓度，mg/L。

（5）输沙需水。输沙需水指在一定河段内，一定来水来沙条件下，将全部或者部分泥沙输移至下一河段所需要的水量。计算输沙水量必须考虑输沙效率，而输沙效率与河道冲淤密切相关。如果整个河段内发生冲刷，则输沙水量小于净水量；如果整个河段内冲淤平衡或泥沙淤积，则净水量全部用于泥沙输移。计算公式为

$$W' = \eta^{\alpha} W_w \tag{3-17}$$

$$W_w = W - \frac{W_s}{\gamma_s} \tag{3-18}$$

$$\eta = \frac{S_{in}}{S_{out}} \tag{3-19}$$

式中：W' 为输沙水量，m^3；η 为输沙效率；α 为指数（由输沙效率 η 确定）；W_w 为净水量，m^3；W 为径流量，m^3；W_s 为输沙量，t；γ_s 为泥沙容重（通常取为 $2.65t/m^3$）；S_{in} 和 S_{out} 分别为进入和流出河段的含沙量，kg/m^3；当 $\eta < 1$ 时，$S_{in} < S_{out}$，河段冲刷，取 $\alpha = 1$；当 $\eta \geqslant 1$ 时，$S_{in} \geqslant S_{out}$，河段淤积或冲淤平衡，取 $\alpha = 0$。

（6）河道外生态服务对象需水。河道外生态服务对象需水可采用直接计算法或间接计算法，直接计算法以某一区域某一类型植被的面积乘以其生态用水定额作为该服务对象的需水量，该方法适用于基础工作较好的地区与植被类型，如防护林草、人工绿洲等，计算公式为

$$W_1 = A_1 q \tag{3-20}$$

式中：W_1 为河道外生态服务对象需水量，m^3；A_1 为植被对应的面积，hm^2；q 为植被年平均灌溉定额，m^3/hm^2。

间接计算法是根据某一植被类型在某一潜水位的面积乘以该潜水位下的潜水蒸发量与植被系数作为该服务对象的需水量，计算公式为

$$W_2 = A_2 q_g K \tag{3-21}$$

式中：W_2 为河道外生态服务对象需水量，m^3；A_2 为植被在某一潜水位的面积，hm^2；q_g 为植被在该潜水位下的潜水蒸发量，m；K 为植被系数。

3.2.3.3 生态流量计算方法

可变区间分析法确定河道生态流量是在具体河段水文条件及其服务对象等边界条件已知的情况下得到的，如某一边界条件发生变化，生态流量也相应发生变化。图 3-3 所示为某河段 L 的控制断面以及各控制断面对应的生态服务对象。以断面 A_1 为例，对应河段 L_1，采用可变区间分析法确定断面 A_1 生态流量，详细步骤如算法 1 所示。

算法 1：可变区间分析法确定河道生态流量

输入：控制断面（节点）、长系列水文数据、泥沙数据、水功能区数据、水文条件、参数、生态服务对象、时空尺度、指标约束等。

输出：$[Q_{1,t}^{b\min}, Q_{1,t}^{b\max}]$，$[0, Q_{1,t}^{lift}]$，$[Q_{1,t}^{b\min}, Q_{1,t}^{b\max} + Q_{1,t}^{lift}]$ ← 断面 A_1 的生态基流区间、提升量区间、生态流量区间。

Step 1：确定河段 L 的控制断面

1.1 L_1，L_2，$\cdots$，L_n，n 为生态环境功能分区个数 ← 综合考虑流域内各类分区特点，进行河湖生态环境功能分区；

1.2 A_1，A_2，$\cdots$，A_m，m 为控制断面或节点的个数 ← 根据河道上下游特点，以及人类活动影响，选取代表性控制断面或节点；

Step 2：识别断面 A_1 的生态服务对象

2.1 Q_{11}^{in}，Q_{12}^{in}，$\cdots$，Q_{1p}^{in}，p 为河段 L_1 对应河道内生态服务对象个数 ← 识别 河段 L_1 对应 河道内生态服务对象；

2.2 Q_{11}^{out}，Q_{12}^{out}，$\cdots$，Q_{1q}^{out}，q 为河段 L_1 对应河道外服务对象个数 ← 识别 河段 L_1 对应 河道外生态服务对象；

Step 3：确定断面 A_1 的生态基流区间

3.1 $Q_{11,t}^{basic}$，$Q_{12,t}^{basic}$，$\cdots$，$Q_{1s,t}^{basic}$，$t=1, 2, \cdots, T$，T 为总时段数 ← s 种方法计算断面 A_1 的生态基流；

3.2 $[Q_{1,t}^{bmin}, Q_{1,t}^{bmax}]$ ← 合理性分析得到断面 A_1 的生态基流区间；

Step 4：确定断面 A_1 的生态服务对象需水区间

4.1 $Q_{11,t}^{in}$，$Q_{12,t}^{in}$，$\cdots$，$Q_{1p,t}^{in}$ ← 河段 L_1 对应河道内 p 个生态服务对象各自的需水过程；

4.2 $Q_{1,t}^{in} = \max(Q_{11,t}^{in}, Q_{12,t}^{in}, \cdots, Q_{1p,t}^{in})$ ← 河段 L_1 对应河道内所有生态服务对象需水过程；

4.3 $Q_{11,t}^{out}$，$Q_{12,t}^{out}$，$\cdots$，$Q_{1a,t}^{out}$ ← 河段 L_1 对应河道外 q 个生态服务对象各自的需水过程；

4.4 $Q_{1,t}^{out} = Q_{11,t}^{out} + Q_{12,t}^{out} + \cdots + Q_{1q,t}^{out}$ ← 河段 L_1 对应河道外所有生态服务对象需水过程；

Step 5：确定断面 A_1 的提升量区间

For each $t \in T$

5.1 If $Q_{1,t}^{in} > Q_{1,t}^{bmax}$，$Q_{1,t}^{lift} = Q_{1,t}^{in} - Q_{1,t}^{bmax} + Q_{1,t}^{out}$ ；else $Q_{1,t}^{lift} = Q_{1,t}^{out}$

5.2 $[0, Q_{1,t}^{lift}]$ ← 确定断面 A_1 的提升量区间；

Step 6：确定断面 A_1 的生态流量区间

6.1 $[Q_{1,t}^{bmin}, Q_{1,t}^{bmax} + Q_{1,t}^{lift}]$ ← 确定断面 A_1 的生态流量区间。

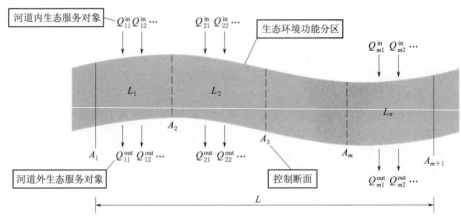

图 3-3　河段的控制断面及各控制断面对应生态服务对象示意图

3.3　陕西渭河干流生态环境保护目标

3.3.1　生态环境功能断面的选取

渭河干流从其源头到入黄口，其生态环境功能发生了很大变化，受人类活动的影响也不断加强。总体来说渭河干流不同河段生态环境功能存在很大差异，只有在渭河干流不同河段生态环境功能分区的基础上，才能比较切合实际地研究不同河段的生态环境功能变化。按照水利部和生态环境部的要求，陕西省对渭河流域已经划分了相关的分区，各种区划是确定渭河干流生态环境保护目标的重要依据。

3.3.1.1　渭河分区研究成果

（1）水资源分区。按照陕西省水资源综合规划和《陕西省水资源及其开发利用调查评价》，水资源分区将流域与行政区有机结合，渭河流域涉及 9 个市（区）行政二级区，其中渭河干流涉及宝鸡市、杨凌区、咸阳市、西安市、渭南市 5 个行政二级区。水资源分区中，陕西省渭河流域属黄河流域一级区，分为二级区 1 个，三级区 5 个，四级区 10 个，陕西省渭河干流涉及水资源四级分区套行政区共 17 个。

（2）水功能区划。按照《中华人民共和国水法》的规定，陕西省制定了《陕西省水功能区划》，并经省人民政府批准。陕西省内渭河干流一级功能区划分为 3 段，分别是：①甘陕缓冲区，由省界至颜家河段，河长 72.4km，水质目标为Ⅱ类。②宝鸡至渭南开发利用区，颜家河至王家城子段，河长 402.3km，水质目标为Ⅳ类。包含二级功能区划 12 个，其中，除了宝鸡市景观区、宝眉工业农业用水区、杨凌农业景观用水区水质目标为Ⅲ类，其余均为Ⅳ类。③华阴市入黄缓冲区，王家城子至入黄口，河长 29.7km，水质目标为Ⅳ类。

（3）水环境功能区划。依据《渭河流域重点治理规划》，渭河干流划分 16 个水环境功能区，其中：Ⅰ级水环境功能区 1 个，河长 14km，占干流河长的 1.6%；Ⅱ级水环境功能区 2 个，河长 130km，占干流河长的 15.0%；Ⅲ级水环境功能区 7 个，河长 449.1km，占干流河长的 51.8%；Ⅳ级水环境功能区 6 个，河长 273.9km，占干流河长的 31.6%。

（4）生态环境分区。对于渭河干流生态环境分区的研究不多，根据生态环境组分的结构特征、功能、潜力，综合考虑存在的主要生态问题，采用专家集成和定量分析的方法，将陕西省生态环境分为 3 级，即生态环境区—亚区—小区，一级生态环境区选取生物气候指标和地质、地貌指标，二级亚区选取生态环境结构指标和人类经济活动影响指标，三级小区选取生态环境类型指标和人类经济活动指标，共有 5 个生态环境区，9 个生态环境亚区和 26 个生态环境小区。

上述分区都是在流域/区域层面上进行的，分区中对于生物因子的考虑较少，而渭河生态环境功能分区，需要综合考虑生态分区与水功能分区的特点，将两者有机结合，为水利工程的生态调度奠定基础。

3.3.1.2　生态环境功能断面的选取

渭河生态环境功能分区，主要涉及生态和水环境功能两个因素。王芳等[263]提出了渭河干流水生态环境综合分区的概念，综合考虑渭河流域的鱼类分区、土壤类型区、水功能扩展区等分区类型，对渭河干流逐段进行了划分，共计 14 个分区。本书在此生态功能分区研究成果的基础上，选取其中 5 个重点断面（水文站点）作为渭河干流生态环境功能断面进行研究，如图 3-4 所示，即林家村、魏家堡、咸阳、临潼和华县断面。

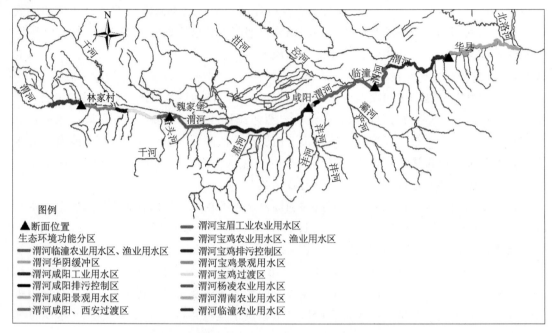

图 3-4　陕西渭河干流生态环境功能分区及断面位置

3.3.2　生态环境保护目标

根据陕西渭河全线综合整治目标，渭河干流主要生态环境问题涉及 3 个方面：渭河干流河道断流严重、水环境污染程度大、干流缺乏控制性工程。鉴于此，本书提出了渭河干流三大生态环境保护目标：生态基流保障目标、水环境治理目标、水景观工程建设目标。

（1）生态基流保障目标。渭河支流大型水利工程及干流水电站引水发电对河道流量的调节作用显著，直接导致河段枯水期缺水或断流、生物物种大量减少。对于一条常年性河流，维持河流生态环境功能最基本的条件是具有足够流动的水量，一旦河道发生断流，对原有的水生态环境造成了极大的破坏，即使采取各种生态补偿措施，也很难恢复。因此，在水资源的开发利用过程中，必须要保障断面具有一定的流量，即生态基流。

（2）水环境治理目标。河流水环境污染直接导致生态环境功能的破坏，因此，要保证水体的自净功能，河道内必须要维持一定的水量。按照《陕西省渭河全线整治规划及实施方案》确定的水质整治标准，将陕西渭河干流一级功能区划分为 3 段：甘陕缓冲区，由省界至颜家河段，河长 72.4km，水质目标为Ⅱ类；宝鸡—渭南开发利用区，颜家河至王家城子段，河长 402.3km，水质目标为Ⅳ类，该区段包含二级功能区 12 个，其中，除了宝鸡市景观区、宝眉工业农业用水区、杨凌农业景观用水区水质目标为Ⅲ类，其余均为Ⅳ类；华阴市入黄缓冲区，王家城子至入黄口，河长 29.7km，水质目标为Ⅳ类。

（3）水景观工程建设目标。结合渭河全线综合整治规划，渭河干流沿岸河口湿地 32 处，总面积 1020 万 m²。渭河干流已建成水面景观工程 4 处，总面积 373 万 m²，规划新建水面景观 4 处，面积 390 万 m²。其中，在林家村水文站断面处已建成水面面积为 140

万 m^2 的"金渭湖"生态景观工程；在咸阳水文站断面已建成水面面积为 120 万 m^2 的"咸阳湖"景观工程；在魏家堡水文站断面规划拟建水面面积为 20 万 m^2 的"眉县北湖"水景观工程。

3.4　生态基流与生态服务对象需水量计算

根据可变区间法的内涵，为了实现上述 3 项生态环境保护目标，5 个重点断面的生态流量主要涉及以下组成成分：生态基流、非汛期渗漏量和蒸发量、鱼类需水量、输沙需水量、自净需水量和水景观需水量等。

3.4.1　生态基流计算

3.4.1.1　重点断面生态基流计算

钟华平等[264]认为水文学法相对来说最适合于我国，但需要深入研究其评价标准。本书收集了渭河干流 5 个重点断面 1973—2018 年共计 46 年的径流资料，采用 15 种水文学方法分析其生态基流，计算结果见表 3-3～表 3-7。

表 3-3　　　　　　　　林家村断面生态基流计算结果集　　　　　　单位：m^3/s

计算方法	1月	2月	3月	4月	5月	6月	7月	8月	9月	10月	11月	12月
Q90 法	5.6	5.6	5.6	5.6	5.6	5.6	5.6	5.6	5.6	5.6	5.6	5.6
Lyon 法	8.3	8.7	11.0	13.7	21.0	21.9	41.5	39.2	37.9	35.2	15.6	8.8
NGPRP 法	11.9	10.7	16.6	16.4	21.6	14.2	22.4	34.7	48.2	29.0	23.5	17.5
Tennant 法	6.0	6.0	6.0	6.0	6.0	6.0	6.0	6.0	6.0	6.0	6.0	6.0
改进 Tennant 法[1]	3.8	3.8	3.8	3.8	3.8	3.8	3.8	3.8	3.8	3.8	3.8	3.8
改进 Tennant 法[2]	2.2	2.4	3.3	4.4	5.6	5.6	10.0	10.4	11.9	9.1	4.8	2.7
改进 Tennant 法[3]	6.7	7.2	9.8	8.8	11.1	11.3	10.0	10.4	11.9	9.1	9.6	2.7
年内展布法	2.5	2.6	3.6	4.8	6.1	6.2	11.0	11.5	13.1	10.0	5.3	3.0
Texas 法	5.2	6.5	8.2	10.9	13.4	13.0	23.0	21.9	21.5	18.4	10.6	5.6
频率曲线法	9.1	6.6	9.3	10.3	9.1	14.3	6.0	13.5	22.8	14.8	12.7	9.1
逐月频率计算法	20.2	21.5	29.4	30.6	39.0	39.4	69.9	52.2	59.4	45.5	23.9	24.3
最小月平均实测径流法	16.5	16.5	16.5	16.5	16.5	16.5	16.5	16.5	16.5	16.5	16.5	16.5
月（年）保证率设定法	2.2	2.4	3.3	4.4	5.6	5.6	30.0	31.3	35.6	27.3	4.8	2.7
逐月最小生态径流计算法	3.3	3.4	8.0	7.8	2.9	6.5	11.8	13.9	11.6	8.0	3.9	
近 10 年最枯月平均流量法	10.2	10.2	10.2	10.2	10.2	10.2	10.2	10.2	10.2	10.2	10.2	10.2

表 3-4　　　　　　　　魏家堡断面生态基流计算结果集　　　　　　单位：m^3/s

计算方法	1月	2月	3月	4月	5月	6月	7月	8月	9月	10月	11月	12月
Q90 法	4.2	4.2	4.2	4.2	4.2	4.2	4.2	4.2	4.2	4.2	4.2	4.2
Lyon 法	3.8	3.5	5.6	12.1	23.3	23.4	44.1	54.1	60.8	38.5	14.1	6.7

65

续表

计算方法	1月	2月	3月	4月	5月	6月	7月	8月	9月	10月	11月	12月
NGPRP 法	4.6	4.3	9.6	11.5	5.7	7.2	13.1	12.3	22.8	13.4	13.2	8.5
Tennant 法	7.1	7.1	7.1	7.1	7.1	7.1	7.1	7.1	7.1	7.1	7.1	7.1
改进 Tennant 法[1]	2.9	2.9	2.9	2.9	2.9	2.9	2.9	2.9	2.9	2.9	2.9	2.9
改进 Tennant 法[2]	4.0	4.1	6.5	13.0	18.3	18.7	40.2	38.9	52.4	38.0	14.5	5.8
改进 Tennant 法[3]	1.3	1.4	2.2	4.3	6.1	6.2	13.4	13.0	17.5	12.7	4.8	1.9
年内展布法	3.9	4.1	6.4	7.5	10.6	10.8	16.2	15.6	21.1	15.3	8.4	5.7
Texas 法	1.9	1.8	2.8	6.0	9.3	9.4	17.6	21.6	24.3	15.4	7.1	3.3
频率曲线法	3.6	3.6	4.9	6.9	5.1	6.7	9.2	10.3	18.0	8.3	5.9	4.7
逐月频率计算法	11.9	12.3	19.4	30.4	42.6	43.6	93.8	64.8	87.3	63.4	24.2	17.3
最小月平均实测径流法	5.0	5.0	5.0	5.0	5.0	5.0	5.0	5.0	5.0	5.0	5.0	5.0
月（年）保证率设定法	1.3	1.4	2.2	4.3	6.1	6.2	40.2	38.9	52.4	38.0	4.8	1.9
逐月最小生态径流计算法	3.1	3.3	4.1	5.9	4.6	4.7	5.0	7.0	10.3	3.8	4.2	4.1
近10年最枯月平均流量法	9.7	9.7	9.7	9.7	9.7	9.7	9.7	9.7	9.7	9.7	9.7	9.7

表 3-5 咸阳断面生态基流计算结果集 单位：m³/s

计算方法	1月	2月	3月	4月	5月	6月	7月	8月	9月	10月	11月	12月
Q90 法	5.7	5.7	5.7	5.7	5.7	5.7	5.7	5.7	5.7	5.7	5.7	5.7
Lyon 法	9.8	9.9	10.5	19.6	40.0	31.2	55.1	66.9	89.6	63.8	32.1	14.0
NGPRP 法	8.6	10.5	7.2	8.0	20.7	31.5	20.1	68.4	58.8	30.3	34.6	23.3
Tennant 法	10.1	10.1	10.1	10.1	10.1	10.1	10.1	10.1	10.1	10.1	10.1	10.1
改进 Tennant 法[1]	5.5	5.5	5.5	5.5	5.5	5.5	5.5	5.5	5.5	5.5	5.5	5.5
改进 Tennant 法[2]	9.3	9.8	10.6	18.3	26.1	25.8	51.3	47.2	69.9	55.4	26.5	12.4
改进 Tennant 法[3]	3.1	3.3	3.5	6.1	8.7	8.6	17.1	15.7	23.3	18.5	8.8	4.1
年内展布法	7.7	8.2	8.9	14.0	20.0	19.7	26.1	24.0	35.5	28.1	20.3	10.3
Texas 法	4.9	5.0	5.3	9.8	16.0	12.5	22.1	26.8	35.8	25.5	16.1	7.0
频率曲线法	6.7	5.0	4.7	12.6	8.0	5.0	11.3	11.0	31.0	15.4	12.4	7.0
逐月频率计算法	27.8	29.4	31.9	42.8	60.8	60.1	119.7	78.7	116.5	92.3	44.1	37.2
最小月平均实测径流法	2.7	2.3	3.5	8.0	6.4	3.8	6.8	6.2	23.8	10.8	4.8	3.6
月（年）保证率设定法	3.1	3.3	3.5	6.1	8.7	8.6	51.3	47.2	69.9	55.4	8.8	4.1
逐月最小生态径流计算法	2.7	2.3	3.5	8.0	6.4	3.8	6.8	6.2	23.8	10.8	4.8	3.6
近10年最枯月平均流量法	27.8	27.8	27.8	27.8	27.8	27.8	27.8	27.8	27.8	27.8	27.8	27.8

表 3-6 临潼断面生态基流计算结果集 单位：m³/s

计算方法	1月	2月	3月	4月	5月	6月	7月	8月	9月	10月	11月	12月
Q90 法	17.4	17.4	17.4	17.4	17.4	17.4	17.4	17.4	17.4	17.4	17.4	17.4
Lyon 法	23.5	25.6	32.4	44.3	81.5	63.8	114.9	137.6	139.6	107.8	58.1	26.2

续表

计算方法	1月	2月	3月	4月	5月	6月	7月	8月	9月	10月	11月	12月
NGPRP 法	20.1	21.3	19.5	16.1	55.7	41.5	76.2	101.8	107.9	77.8	49.3	40.0
Tennant 法	18.1	18.1	18.1	18.1	18.1	18.1	18.1	18.1	18.1	18.1	18.1	18.1
改进 Tennant 法[1]	11.7	11.7	11.7	11.7	11.7	11.7	11.7	11.7	11.7	11.7	11.7	11.7
改进 Tennant 法[2]	19.1	20.5	25.2	37.3	49.1	44.2	86.9	91.0	114.5	91.4	47.0	24.2
改进 Tennant 法[3]	6.4	6.8	8.4	12.4	16.4	14.7	29.0	30.3	38.2	30.5	15.7	8.1
年内展布法	22.2	23.8	29.3	36.8	48.5	43.7	78.5	82.2	103.3	82.5	46.4	28.1
Texas 法	11.8	12.8	16.2	22.2	32.6	25.5	45.9	55.0	55.8	43.1	29.1	13.1
频率曲线法	18.7	22.2	20.0	37.6	37.0	23.2	62.0	73.1	77.8	48.0	40.0	23.0
逐月频率计算法	57.3	61.5	75.7	87.1	114.5	103.2	202.9	151.7	190.8	152.3	78.4	72.6
最小月平均实测径流法	28.9	28.9	28.9	28.9	28.9	28.9	28.9	28.9	28.9	28.9	28.9	28.9
月（年）保证率设定法	6.4	6.8	8.4	12.4	16.4	14.7	86.9	91.0	114.5	91.4	15.7	8.1
逐月最小生态径流计算法	16.2	17.3	14.6	16.1	18.2	19.3	55.3	61.6	48.7	36.4	27.4	15.4
近10年最枯月平均流量法	82.1	82.1	82.1	82.1	82.1	82.1	82.1	82.1	82.1	82.1	82.1	82.1

表 3-7　　　　　　　　　　华县断面生态基流计算结果集　　　　　　　　单位：m³/s

计算方法	1月	2月	3月	4月	5月	6月	7月	8月	9月	10月	11月	12月
Q90 法	4.7	4.7	4.7	4.7	4.7	4.7	4.7	4.7	4.7	4.7	4.7	4.7
Lyon 法	21.6	19.9	24.5	44.1	73.6	50.6	126.1	135.1	147.8	102.1	56.1	22.2
NGPRP 法	12.3	17.8	5.9	12.5	31.9	42.3	40.5	79.0	111.7	78.3	39.5	23.5
Tennant 法	17.9	17.9	17.9	17.9	17.9	17.9	17.9	17.9	17.9	17.9	17.9	17.9
改进 Tennant 法[1]	10.7	10.7	10.7	10.7	10.7	10.7	10.7	10.7	10.7	10.7	10.7	10.7
改进 Tennant 法[2]	16.7	17.5	20.5	35.3	47.5	41.5	88.7	92.2	121.7	95.5	45.9	20.0
改进 Tennant 法[3]	5.6	5.8	6.8	11.8	15.8	13.8	29.6	30.7	40.6	31.8	15.3	6.7
年内展布法	17.2	17.9	21.0	27.2	36.5	32.0	66.7	69.3	91.5	71.8	35.0	20.5
Texas 法	10.8	10.0	12.2	22.0	29.5	20.2	50.4	54.1	59.1	40.8	28.0	11.1
频率曲线法	15.5	15.4	4.7	32.3	26.7	10.3	43.4	63.4	77.9	44.4	25.0	6.9
逐月频率计算法	50.2	52.4	61.4	82.4	110.8	96.9	207.1	153.6	202.9	159.2	76.5	60.0
最小月平均实测径流法	21.1	21.1	21.1	21.1	21.1	21.1	21.1	21.1	21.1	21.1	21.1	21.1
月（年）保证率设定法	5.6	5.8	6.8	11.8	15.8	13.8	88.7	92.2	121.7	95.5	15.3	6.7
逐月最小生态径流计算法	11.1	8.4	3.8	8.0	11.2	8.6	39.4	61.6	56.7	31.4	10.6	2.6
近10年最枯月平均流量法	56.1	56.1	56.1	56.1	56.1	56.1	56.1	56.1	56.1	56.1	56.1	56.1

　　根据渭河流域的气候特征，其降水主要集中在7—10月，则年内生态基流的最大值也出现在7—10月。渭河干流5个重点断面生态基流过程线如图3-5～图3-9所示，可以看出，不同的控制断面，采用上述15种计算方法的结果不尽相同。以林家村断面为例，从整体变化趋势来看，15种计算方法中，生态基流最大值均集中在9月，这与渭河流域

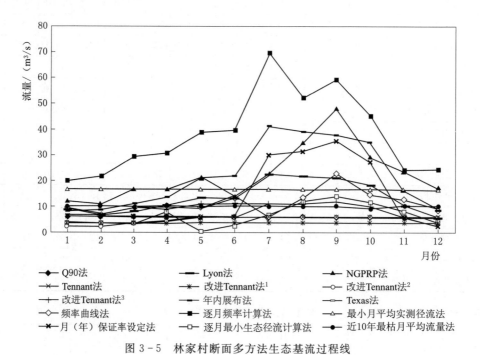

图 3-5　林家村断面多方法生态基流过程线

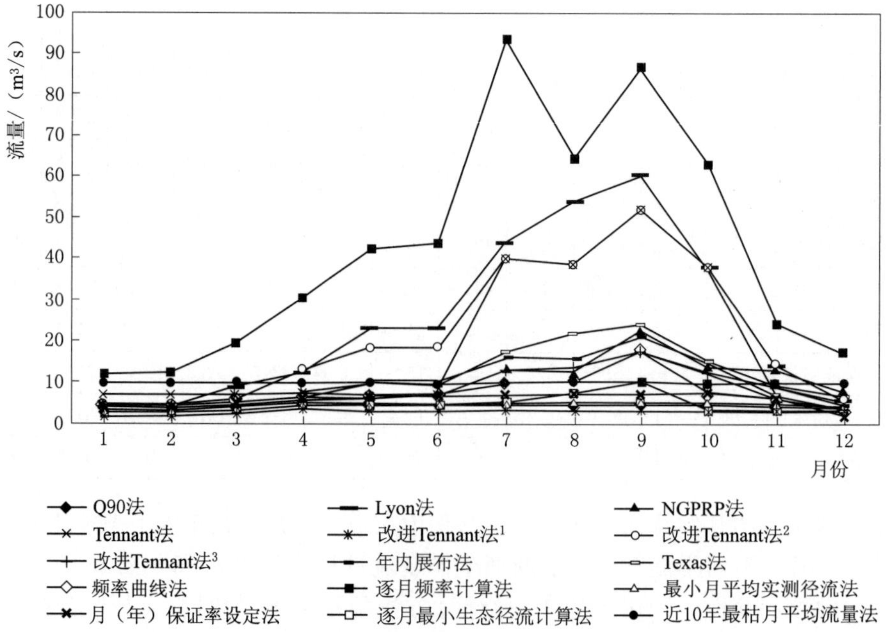

图 3-6　魏家堡断面多方法生态基流过程线

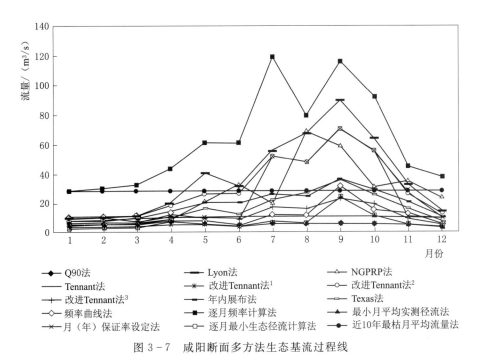

图 3-7　咸阳断面多方法生态基流过程线

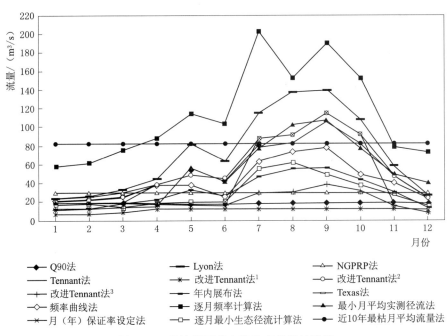

图 3-8　临潼断面多方法生态基流过程线

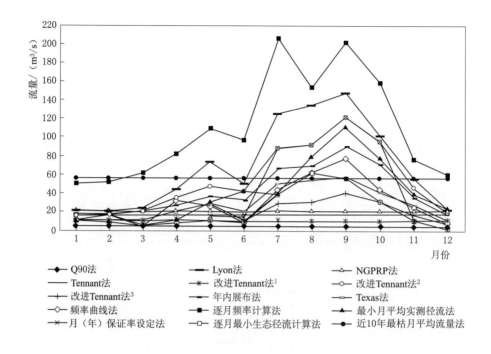

图 3-9 华县断面多方法生态基流过程线

的实际情况相符；逐月频率计算法计算结果均高于其他方法，且差值较大；Tennant 法、改进 Tennant 法[1]、Q90 法、最小月平均实测径流法和近 10 年最枯月平均流量法各月生态基流计算结果一致，无法体现生态基流的季节变化；NGPRP 法 11 月的计算结果大于汛期 7 月的计算结果；改进 Tennant 法[3] 5 月和 6 月的计算结果大于汛期 7 月和 8 月的计算结果，11 月的计算结果大于汛期 10 月的计算结果；频率曲线法汛期 7 月的计算结果小于非汛期的计算结果；逐月最小径流计算法 4 月和 10 月的计算结果大于汛期 7 月的计算结果；其他方法均能较好地反映渭河干流生态基流年内汛期和非汛期变化。故选取 Lyon 法、改进 Tennant 法[2]、Texas 法、年内展布法、月（年）保证率设定法作为林家村断面的代表性方法。同理可得其他断面的代表性方法，选取 Lyon 法、改进 Tennant 法[3]、Texas 法、年内展布法作为魏家堡断面的代表性方法；选取 Lyon 法、改进 Tennant 法[3]、Texas 法、年内展布法作为咸阳断面的代表性方法；选取月（年）保证率设定法、改进 Tennant 法[3]、Texas 法、年内展布法作为临潼断面的代表性方法；选取改进 Tennant 法[2]、逐月最小生态径流计算法、Texas 法、年内展布法作为华县断面的代表性方法。

3.4.1.2 重点断面生态基流区间

为了使计算结果更具有实际指导意义，使得生态基流更具灵活性和适用性，选取各断面计算结果的上包线作为生态基流的上限，下包线作为生态基流的下限，渭河干流重点断面生态基流区间见表3-8。

表 3-8   渭河干流重点断面生态基流区间   单位：m³/s

断面	区间	1月	2月	3月	4月	5月	6月	7月	8月	9月	10月	11月	12月
林家村	下限	2.2	2.4	3.3	4.4	5.6	5.6	10.0	10.5	11.9	9.1	4.7	2.7
	上限	8.3	8.7	11.0	13.7	21.0	21.9	41.5	39.2	37.9	35.2	15.6	8.8
魏家堡	下限	1.3	1.4	2.2	4.3	6.1	6.2	13.4	13.0	17.5	12.7	4.8	1.9
	上限	3.9	4.1	6.4	12.1	23.3	23.4	44.1	54.1	60.8	38.5	14.1	6.7
咸阳	下限	1.9	1.8	2.8	6.0	8.7	8.6	16.2	15.6	21.1	15.3	7.1	3.3
	上限	9.8	9.9	10.5	19.6	40.0	31.2	55.1	66.9	89.6	63.8	32.1	14.0
临潼	下限	6.4	6.8	8.4	12.4	16.4	14.7	29.0	30.3	38.2	30.5	15.7	8.1
	上限	22.2	23.8	29.3	36.8	48.5	43.7	86.9	91.0	114.5	91.4	46.4	28.1
华县	下限	10.8	8.4	3.8	8.0	11.2	8.6	39.4	54.1	56.7	31.4	10.6	2.6
	上限	17.2	17.9	21.0	35.3	47.5	41.5	88.7	92.2	121.7	95.5	45.9	20.5

3.4.2 生态服务对象需水量计算

3.4.2.1 渗漏量计算

利用达西原理计算重点断面渗漏量：

$$v = Q/A = ki \qquad\qquad (3-22)$$

其中
$$i = \Delta h/L$$

式中：v 为断面平均渗漏速度，mm/s 或 m/d；Q 为渗漏水量，m³/s 或 m³/d；A 为断面面积，m²；k 为渗漏系数，mm/s 或 m/d；i 为水力坡度；Δh 为水头损失，m；L 为使水头损失 Δh 的渗流长度，m。

基于已有关中盆地地下水局部超采区以及地下水流场的研究成果，根据渭河干流与其相邻网格的水头差，采用上述达西原理即可确定渭河干流重点断面非汛期河道渗漏量，见表 3-9。

表 3-9   渭河干流重点断面非汛期河道渗漏量

断面	枯水期河水位 h_1/m	枯水期地下水位 h_2/m	水头损失 Δh/m	渗透系数 k/(m/d)	单元格间距/m	格数	间距 L/m	水力梯度 i	v/(m/d)	河流补地下 Q/(m³/s)
林家村	582.04	553.00	29.04	10.00	1689.69	1.50	2534.54	0.01	0.11	4.0
魏家堡	422.99	418.76	4.22	15.00	1689.69	3.0	5069.07	0.000833	0.013	0.5
咸阳	373.95	386.42	−12.47	80.00	1689.69			−0.007382	−0.591	
临潼	341.96	338.93	3.03	5.00	1689.69	1.0	1689.69	0.001795	0.009	0.2
华县	319.17	318.32	0.85	30.00	1689.69	4.0	6758.76	0.000125	0.004	0.2

3.4.2.2 蒸发量计算

根据渭河流域关中区域多个观测站点 1989—2009 年 1—12 月的蒸发量，求得各月的多年平均蒸发量，陕西省境内渭河干流河长按国家 1：25 万地理数据库量测计，关中平原区域段为 379km。其中宝鸡峡至咸阳段河长 171km，河道宽，多沙洲，水流分散，在遥感图上进行多处采样量算，将宽度取均值，该段河道为 100m 宽；咸阳至潼关河长 208km，河道淤积宽广，该段河道取 200m 宽。渭河干流上下游段蒸发量折算到以秒为单位，见表 3-10。可以看出，蒸发量对渭河干流来水量影响很小，可以忽略不计。

表 3-10 渭河流域关中区域多年平均蒸发量

月份	观测站蒸发量 /mm	上游蒸发量 /(m³/s)	下游蒸发量 /(m³/s)	渭河干流合计 /(m³/s)
1	44.1	0.0029	0.0071	0.0100
2	62.08	0.0041	0.0100	0.0141
3	105.59	0.0070	0.0169	0.0240
4	139.09	0.0092	0.0223	0.0316
5	186.66	0.0124	0.0300	0.0423
6	215.79	0.0143	0.0346	0.0490
7	217.75	0.0144	0.0349	0.0494
8	157.07	0.0104	0.0252	0.0356
9	105.6	0.0070	0.0169	0.0240
10	82.06	0.0054	0.0132	0.0186
11	62.22	0.0041	0.0100	0.0141
12	43.81	0.0029	0.0070	0.0099
合计	1421.81	0.0943	0.2282	0.3225

3.4.2.3 鱼类需水量计算

本书将水生生物长期适应的水体环境及其他各项流量要求反映到流量参数上，提出鱼类低限需水量和鱼类极低限需水量。其中，鱼类低限需水量是指考虑断面形态，满足绝大部分河段鱼类生存所需的流量；鱼类极低限需水量是指在河流生态系统尚未全线崩溃之前，考虑水文丰枯变化与河流枯季用水紧缺等情况，允许个别枯水年份鱼类生存空间缩小，以此确定的流量。

（1）鱼类生境调查。本书将渭河干流分为三段：宝鸡峡—咸阳段、咸阳—泾河入口段、泾河入口—潼关段，各河段横断面图如图 3-10 所示。在最大水深 50cm 时，宝鸡峡—咸阳段断面宽度为 20～50m，咸阳—泾河入口段断面宽为 16～54m，泾河入口—潼关段断面宽为 16～56m，只有渭断 1、渭断 2 和渭断 37 断面宽在 100m 以上。因此，保证 50m 宽的河道水深为 50cm，再进行局部三个断面的整治，即可满足渭河干流鱼类的生存。

（2）鱼类需水量的确定。利用曼宁公式进行流速计算：

$$V = \frac{1}{N} R^{2/3} J^{1/2} \tag{3-23}$$

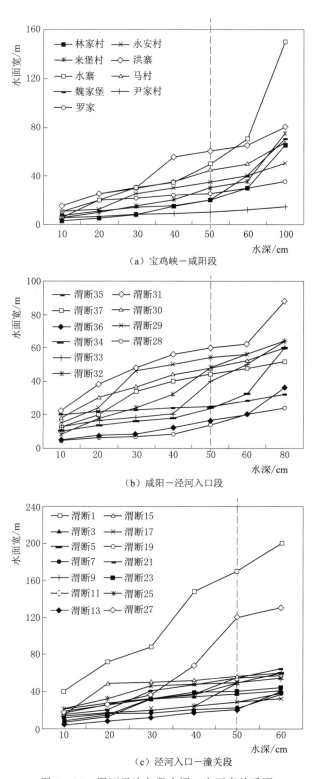

（a）宝鸡峡—咸阳段

（b）咸阳—泾河入口段

（c）泾河入口—潼关段

图 3-10 渭河干流各段水深—水面宽关系图

式中：N 为渭河河道天然糙率，根据天然砂砾石河床特性，一般取值范围为 $0.025\sim$ 0.038，其中下游段取值为 0.025，临潼以下取值为 $0.028\sim0.038$；R 为水力半径，渭河干流河道宽是深的 $40\sim100$ 倍，故 R 取河道水深为 $0.5\mathrm{m}$；J 为河道比降，根据各河段起始断面计算；考虑宽深比接近 100，故采用断面宽与水深之积确定鱼类需水量。

通过现状生态调查，渭河南岸支流水深 $30\mathrm{cm}$ 时即可保障某些河段鱼类的生存。因此，将河道水深取 $0.5\mathrm{m}$ 和 $0.3\mathrm{m}$ 的流量作为鱼类低限需水量和鱼类极低限需水量，各断面鱼类需水量计算结果见表 $3-11$。

表 3-11　　　　　　　　　　　　重点断面鱼类需水量

断面名称	比降	河宽/m	流速/(m/s)	鱼类极低限需水量/(m³/s)	鱼类低限需水量/(m³/s)
林家村	0.00223	20	0.78	4.70	7.83
魏家堡	0.00191	20	0.72	4.34	7.24
咸阳	0.0009	25	0.50	3.73	6.22
临潼	0.0002	60	0.33	5.73	9.55
华县	0.0002	60	0.33	5.73	9.55

（3）重点断面产卵期需水量过程。渭河流域鱼类按照繁殖习性大致可分为产漂流性卵、产黏性卵、产沉性卵、产浮性卵和产卵于软体动物体内五类。泾河入渭以下底质为细沙，沉性卵或漂流性卵沉水后，容易被泥沙覆盖，导致缺氧无法孵化。对产黏性卵鱼类的保护需要在特定缓流区河段对水生植被进行保护，为黏性卵提供附着物，这就需要保护河流的边滩。在保护保护区的同时，应对鱼类的洄游通道进行保护，保证鱼类在产卵期可以洄游到产卵场。泾河入渭以上河段在河道深 $60\mathrm{cm}$ 时有突变宽的特点，说明在这个深度会有小边滩存在。从林家村的断面来看，水深 $60\mathrm{cm}$，可以覆盖近 $70\mathrm{m}$ 宽的边滩，在此水深下，产卵期流量为 $16\mathrm{m}^3/\mathrm{s}$。鱼类产卵需要流量脉冲的刺激，产卵期 3—6 月林家村断面天然流量过程与现状流量过程都具有 2 个较明显的脉冲，历时 7d 左右，如图 $3-11$ 所示。

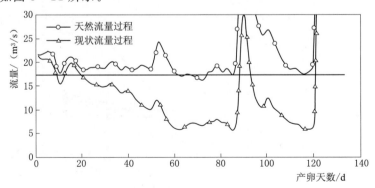

图 3-11　林家村断面 3—6 月天然与现状流量过程

3.4.2.4 输沙需水量计算

渭河下游泥沙淤积导致主河道泄洪能力急剧下降，河道振荡加剧下游河势进一步恶化。根据咸阳站、张家山站、临潼站、㳀头站和华县站水文泥沙资料，计算了渭河下游临潼断面和华县断面丰水年（$p=25\%$）、平水年（$p=50\%$）、枯水年（$p=75\%$）各月输沙需水量，见表 3-12。可以看出，输沙需水量主要集中在汛期 7—10 月；丰水年至枯水年，临潼段汛期输沙需水量分别为 63.99 亿 m³、43.22 亿 m³ 和 28.54 亿 m³，分别占全年输沙需水量的 81.32%、57.00% 和 93.02%；华县段汛期输沙需水量分别为 72.26 亿 m³、44.89 亿 m³ 和 28.41 亿 m³，分别占全年输沙需水量的 86.26%、59.10% 和 71.04%。随着天然来水量的减少，年输沙需水量逐渐减少。这是因为渭河来沙量主要集中在汛期，具有来沙多、排沙多的特点。此外，同一典型年，临潼段至华县段输沙需水量呈增加趋势。

表 3-12　　　　　　　　　　　渭河下游重点断面输沙需水量　　　　　　　　　单位：亿 m³

代表年	断面	输沙需水过程													汛期（7—10月）
		1月	2月	3月	4月	5月	6月	7月	8月	9月	10月	11月	12月	合计	
$p=25\%$	临潼	0.01	0.06	0.04	1.24	1.74	0.28	3.37	12.64	24.48	23.50	6.80	4.53	78.69	63.99
	华县	1.02	0.90	0.80	1.99	1.27	0.47	3.85	11.17	29.44	27.80	1.09	3.97	83.77	72.26
$p=50\%$	临潼	1.49	1.93	4.94	5.88	9.59	3.95	14.41	8.60	11.60	8.61	3.19	1.64	75.82	43.22
	华县	0.48	1.24	4.18	5.31	10.17	4.19	14.70	9.28	11.51	9.40	4.09	1.42	75.96	44.89
$p=75\%$	临潼	0.17	0.01	0.03	0.00	0.27	1.04	5.88	7.19	6.31	9.16	0.61	0.01	30.68	28.54
	华县	0.14	1.17	2.06	1.00	0.69	1.09	7.37	6.69	5.27	9.08	3.62	1.82	39.99	28.41

3.4.2.5 自净需水量计算

渭河干流水质污染使其生态环境功能遭受直接破坏，因此，河道内必须维持一定的水量，以保证水体的自净功能。渭河干流全年来水量变化较大，各月污染物排放量不同。根据陕西省水功能区划资料，计算渭河干流五个重点断面丰水年（$p=25\%$）、平水年（$p=50\%$）、枯水年（$p=75\%$）各月自净需水量，见表 3-13。可以看出，林家村、魏家堡、咸阳、临潼和华县断面自净需水量丰水年分别为 24.51 亿 m³、34.78 亿 m³、49.08 亿 m³、63.45 亿 m³ 和 59.27 亿 m³，平水年分别为 14.08 亿 m³、17.41 亿 m³、28.05 亿 m³、37.08

表 3-13　　　　　　　　　　　渭河干流重点断面自净需水量　　　　　　　　　单位：亿 m³

代表年	断面	自净需水过程												
		1月	2月	3月	4月	5月	6月	7月	8月	9月	10月	11月	12月	合计
$p=25\%$	林家村	0.71	0.76	1.10	1.39	1.87	1.80	3.71	3.73	3.64	3.30	1.64	0.87	24.51
	魏家堡	0.67	0.84	1.22	2.15	2.75	2.44	5.43	4.95	6.25	4.86	2.28	0.94	34.78
	咸阳	1.48	1.63	1.96	3.29	3.86	3.18	7.28	5.72	8.67	6.77	3.32	1.93	49.08
	临潼	1.80	2.04	2.50	3.97	5.38	3.93	9.79	8.30	10.65	8.74	4.33	2.03	63.45
	华县	1.30	1.48	1.90	3.58	4.81	3.18	9.93	7.98	10.97	8.66	3.89	1.59	59.27

续表

代表年	断面	自净需水过程												
		1月	2月	3月	4月	5月	6月	7月	8月	9月	10月	11月	12月	合计
$p=50\%$	林家村	0.51	0.56	0.71	0.87	1.07	1.13	2.04	1.90	1.98	1.70	1.02	0.58	14.08
	魏家堡	0.28	0.28	0.48	1.04	1.38	1.13	2.96	2.46	3.28	2.42	1.24	0.46	17.41
	咸阳	0.91	0.84	1.03	1.60	2.40	1.83	3.72	3.18	5.30	3.68	2.49	1.09	28.05
	临潼	1.22	1.33	1.77	2.56	3.05	2.52	4.72	4.62	5.74	4.84	3.33	1.39	37.08
	华县	0.79	0.89	1.21	2.04	2.89	1.77	4.74	5.15	5.64	4.22	2.79	0.96	33.08
$p=75\%$	林家村	0.35	0.36	0.43	0.51	0.49	0.62	0.86	0.95	1.02	0.84	0.54	0.35	7.33
	魏家堡	0.15	0.14	0.23	0.38	0.50	0.47	0.65	0.90	1.14	0.70	0.45	0.27	5.97
	咸阳	0.50	0.42	0.48	1.01	1.31	0.85	0.99	1.10	1.90	1.54	1.29	0.63	12.04
	临潼	0.77	0.86	0.99	1.65	1.97	1.10	2.05	2.71	2.70	2.70	2.53	0.92	20.94
	华县	0.37	0.48	0.47	0.91	1.39	0.67	2.18	2.02	2.48	2.21	2.03	0.44	15.65

亿 m^3 和 33.08 亿 m^3 ，枯水年分别为 7.33 亿 m^3 、5.97 亿 m^3 、12.04 亿 m^3 、20.94 亿 m^3 和 15.65 亿 m^3 。受流量、沿河排污及河流污染物本底浓度变化的影响，渭河干流自净需水量自上而下总体表现为逐渐增大。

3.4.2.6　水景观需水量计算

本书采用换水周期法计算水景观需水量，在换水周期和多年平均蓄水量确定的情况下，即可求得水景观需水量，景观平均水深 2.5m，换水周期 60 天，渭河干流重点断面水景观需水量见表 3-14。

表 3-14　　　　　　　　渭河干流重点断面水景观需水量

工程名称	断面	水面面积 /万 m^2	水深 /m	景观容积 /m^3	换水周期 /d	水景观需水量 /(m^3/s)
金渭湖生态景观工程	林家村	140	2.5	350	60	0.7
眉县北湖	魏家堡	20	2.5	50	50	0.1
咸阳湖	咸阳	60	2	240	60	0.3
共计				640		1.1

除了上述生态基流与生态服务对象需水量，重点断面生态流量的确定还应考虑支流汇入以及重点断面取水等，渭河南、北岸有大量的支流汇入，根据就近原则，在 5 个重点断面中，渭河南岸涝峪河距离咸阳水文站断面最近，在其上游 2.55km。因此，咸阳断面综合生态流量的确定还应考虑支流涝峪河的汇入，即取所在支流天然径流量的 10% 作为生态基流，即 0.63 m^3/s。此外，在临潼断面与华县断面之间，存在交口抽渭工程，年均引水流量为 8 m^3/s，在确定重点断面生态流量时，应将其纳入考虑范围。

3.5　重点断面生态流量确定

3.5.1　国家已定的生态流量

2020 年，水利部制定了《第一批重点河湖生态流量保障目标》，其中陕西省黄河流域包括渭河干流林家村、华县 2 个主要控制断面，详细信息见表 3-15。

3.5.2　相关规划的生态流量

（1）《渭河流域近期重点治理规划》。国务院于 2005 年 5 月批复了《渭河流域近

表 3-15　陕西省黄河流域主要控制断面生态流量

主要控制断面	生态基流/(m³/s)
林家村	5
华县	12

期重点治理规划》，考虑了维持河道基本形态、保证河道生态基流、维持河道稀释自净能力等方面的要求，确定林家村断面非汛期（11 月至次年 6 月）河道内低限生态环境流量为 10m³/s，年最小水量为 2 亿 m³。

（2）《陕西省水资源综合治理规划》。

1）总报告成果。陕西省水利厅于 2002 年 12 月编制了《陕西省渭河流域综合治理规划》，从维持河道基本功能、保证河道生态基流、维持河道稀释自净能力和景观用水等方面考虑，确定了林家村断面非汛期低限环境用水最小流量为 10m³/s，年最小水量为 3 亿 m³，咸阳断面最小流量为 15m³/s，年最小水量为 4.5 亿 m³，华县断面最小流量为 20m³/s，年最小水量为 6.1 亿 m³。

2）专题报告成果。渭河干流林家村断面、咸阳断面和华县断面多年平均值下生态基流计算结果见表 3-16。

表 3-16　多年平均值下渭河典型断面生态基流

水文测站	统计年份	年数	最小月平均流量的多年均值/(m³/s)	年河流生态基流/(亿 m³/a)
林家村	1934—2000	60	12.75	4.02
咸阳	1960—2000	40	31.22	9.85
华县	1960—2000	40	34.00	10.72

（3）《黄河水量调度条例实施细则（试行）》。为进一步加强黄河水量调度工作，规范黄河水量调度工作中有关各方的行为，根据《黄河水量调度条例》，水利部于 2007 年 11 月颁布实施了《黄河水量调度条例实施细则（试行）》。其中，第十八条规定了黄河重要支流控制断面最小流量指标及保证率，华县断面最小流量为 12m³/s，保证率为 90%。

（4）《陕西省渭河水量调度实施细则》。《陕西省渭河水量调度实施细则》（2013 年 5 月）中第十六条规定，渭河干流省界控制断面、市界控制断面和重要支流控制断面最小流量、预警流量分别见表 3-17 和表 3-18。

表 3 – 17   省界重要控制断面最小流量及预警流量   单位：m³/s

省界控制断面	入省控制断面			出省控制断面	保证率
	北道	杨家坪	雨落坪	华县	
最小流量	2	2	2	12	90%
预警流量	4	3	3	25	

表 3 – 18   市界重要控制断面最小流量和预警流量   单位：m³/s

干流控制断面	林家村	魏家堡	咸　阳	临　潼	保证率
最小流量	2	5	10	37	90%
预警流量	3	6	15	70	

3.5.3   相关研究的生态流量

随着渭河生态环境问题的增多，徐宗学、张新华、吴喜军等专家学者对渭河干流重点控制断面的生态流量进行了分析研究，结果见表 3 – 19。

表 3 – 19   渭河干流重点控制断面生态流量相关研究成果[265]   单位：m³/s

作者	方　　法	林家村	咸阳	华县
徐宗学等	7Q10 法	17.38		
	Hoope 法	29.98		
	最小月平均流量法	6.93		
	NGPRP 法	9.69		
	基本流量法	5.78		
	R2CROSS 法	12.36		
	90%保证率最枯月法	11.49		
	湿周法	14.84		
粟晓玲等	分项计算法		25.32*	39.8*
张新华等	湿周法与 R2CROSS 综合法	12.4	23.3	30.1
	改进湿周法	10.6	23.2	52.6
吴喜军等	基流比例法	5.02~36.73		
	只考虑枯水期的基流比例法	3.84~8.83		

作者	方 法	林家村	咸阳	华县
吴喜军等	最小月平均流量法	17.9		
	Tennant 法	6.6		
	Texas 法	12.45		
	90%最小月平均流量法	5.25		
王雁林等	最小月平均流量的多年值法	12.75	31.22	34
马小超等	RVA 法	5.30*	11.59*	23.91*
辛琛等	最枯月实测径流量的多年平均值法	11.98	41.03	61.8
	Tennant 法	15.44	36.15	61.77
靳美娟	Tennant 法	5.14		
武玮等	Tennant 法	2.99~18.81	5.2~42.46	6.56~59.76
	最枯月	7.52~42.28	21.41~157.4	40.18~258.8
	90%最枯	3.88~22.53	5.11~38.77	5.75~64.11
高爽	Tennant 法	6.03	12.4	20.8
	年内展布法	2.99~11.6	2.31~17.47	9.5~50.72
	基流比例法	2.47~54.64	4.62~125.1	6.39~205.8
	Q90 法	5.33	7.12	10.5
	NGPRP 法	9.89~47.15	9.94~122.8	7.03~145.9
杨涛	Tennant 法	6.97		
	最小月平均流量法	6		
	流速法	13.99		

注 数字后面加 * 号的单位为 $10^8\,\mathrm{m}^3$，指生态需水量；其余单位为 m^3/s。

3.5.4 生态流量综合分析

渭河干流重点断面生态流量计算结果见表 3-20。各月的生态流量过程见表 3-21，其中，1—4月、7—12月，正常来水年及一般枯水年要保证生态流量上限，特枯年要保证生态流量下限；5—6月，除了满足生态流量上限外，在林家村断面还要满足鱼类产卵需要的两次流量脉冲过程。

表3-20 渭河干流重点断面生态流量目标

单位：m³/s

断面	生态基流下限	生态基流上限	汇入支流生态基流	国家已定生态基流	渗漏量	蒸发量	生态服务对象需水					相关规划	相关研究	生态流量下限	生态流量上限
							鱼类需水		输沙需水量	自净需水量	水景观需水量				
							极低限需水量	低限需水量							
林家村	6.0	21.8		5.0	4.0	0.02	4.70	7.83		23.2	0.7	2.0~12.75	2.47~54.64	6.0	23.2
魏家堡	7.0	24.2			0.5	0.02	4.34	7.24		18.9	0.1	5.0		7.0	24.2
咸阳	9.0	36.8	0.63		0.0	0.02	3.73	6.22		38.2	0.2	10.0~31.22	4.62~157.4	9.0	38.2
临潼	18.0	55.2			0.2	0.02	5.73	9.55	268.3	66.43		37		18.0	66.4
华县	20.4	53.7		12.0	0.2	0.02	5.73	9.55	266.8	49.64		12.0~34	5.75~258.8	20.4	53.7

注 输沙需水主要在汛期7—10月。

表3-21 渭河干流重点断面生态流量过程

单位：m³/s

断面	1—4月		5—6月				输沙流量				11—12月	
	生态流量下限	生态流量上限	7d	7d	生态流量下限	生态流量上限	7月	8月	9月	10月	生态流量下限	生态流量上限
林家村	6.0	23.2	16	16	6.0	23.2					6.0	23.2
魏家堡	7.0	24.2			7.0	24.2					7.0	24.2
咸阳	9.0	38.2			9.0	38.2					9.0	38.2
临潼	18.0	66.4			18.0	66.4	219.5	268.4	243.4	342.0	18.0	66.4
华县	20.4	53.7			20.4	53.7	275.2	249.8	203.3	339.0	20.4	53.7

注 输沙需水主要在汛期7—10月。

3.6 重点断面现状生态流量保障情况分析

近年来,气候变化和人类活动导致渭河流域年降水量和径流量总体减少。生态流量保障程度是河流湖泊健康评价的重要依据。因此,本书将近10年来生态流量计算结果与实测径流量进行对比,得到关键断面生态流量保障程度,见表3-22。

表3-22 渭河干流重点断面生态流量保障程度

断面	生态流量	非汛期			全年		
		平均破坏天数/d	保证率/%	缺水量/亿 m³	平均破坏天数/d	保证率/%	缺水量/亿 m³
林家村	下限	173	28.5	0.56	221	39.4	0.71
	上限	217	10.4	3.57	296	19.0	4.71
魏家堡	下限	35	85.6	0.04	42	88.5	0.05
	上限	166	31.6	1.76	204	44.2	2.14
咸阳	下限	0	99.9	0.00	1	99.7	0.00
	上限	83	65.9	0.87	104	71.5	1.19
临潼	下限	0	100.0	0.00	0	100.0	0.00
	上限	24	90.1	0.17	32	91.4	0.28
华县	下限	1	99.7	0.00	4	98.8	0.03
	上限	47	80.0	0.43	61	83.4	0.73

可以看出,除了林家村断面以外,所有断面基本都实现了生态流量的下限目标,保障程度基本在90%以上。华县断面生态流量上限的保障程度在80%以上;临潼断面生态流量上限的保障程度在90%以上;咸阳断面生态流量上限在非汛期和全年的保障程度分别为65.9%和71.5%,平缺水量分别为0.87亿 m³ 和1.19亿 m³;咸阳断面生态流量上限在非汛期和全年的保障程度分别为31.6%和44.2%,平缺水量分别为1.76亿 m³ 和2.14亿 m³;林家村断面生态流量上限在非汛期和全年的保障程度分别为10.4%和19.0%,平缺水量分别为3.57亿 m³ 和4.71亿 m³,这主要是由于宝鸡峡灌区引水不规范、规模较大所致。因此,林家村断面生态流量保障程度最低,亟须开展重点水库生态调度。

3.7 本章小结

本章对现有生态流量相关概念进行辨析,提出了可变区间分析法确定河道生态流量的内涵。该方法从可操作、可管理的角度对生态流量进行了重新定义,即综合考虑时空变化、来水变化、服务对象变化、计算方法变化等多种可变因素,在维持河道不断流的基础上对河湖生态系统功能进行改善和修复,在生态基流相对固定的基础上增加一个可变的提升量来确定生态流量。以渭河干流为例,针对5个重点断面给出了生态流量目标。主要结论如下:

（1）选取 Tennant 法、Texas 法、年内展布法等 15 种生态基流计算方法估算渭河干流五个重点断面的生态基流，通过合理性分析，选取 Lyon 法、改进 Tennant 法[2]、Texas 法、年内展布法、月（年）保证率设定法作为林家村断面的代表性方法；选取 Lyon 法、改进 Tennant 法[3]、Texas 法、年内展布法作为魏家堡断面的代表性方法；选取 Lyon 法、改进 Tennant 法 Tennant 法[3]、Texas 法、年内展布法作为咸阳断面的代表性方法；选取月（年）保证率设定法、改进 Tennant 法[3]、Texas 法、年内展布法作为临潼断面的代表性方法；选取改进 Tennant 法[2]、逐月最小生态径流计算法、Texas 法、年内展布法作为华县断面的代表性方法，并最终得到各断面生态基流区间。

（2）采用实测断面形态与鱼类生长所需水深确定鱼类基本栖息地需水量，并提出鱼类低限需水量和极低限需水量的概念，计算结果表明：林家村、魏家堡、咸阳、临潼、华县 5 个重点断面的鱼类极低限需水量分别为 4.70m³/s、4.34m³/s、3.73m³/s、5.73m³/s 和 5.73m³/s，低限需水量分别为 7.80m³/s、7.24m³/s、6.22m³/s、9.55m³/s 和 9.55m³/s。

（3）采用达西公式确定非汛期渗漏量，林家村、魏家堡、咸阳、临潼、华县 5 个重点断面的渗漏量分别为 4.0m³/s、0.5m³/s、0m³/s、0.2m³/s 和 0.2m³/s。将渭河干流上下游段蒸发量折算到以秒为单位，其全年的蒸发量合计为 0.3225m³/s，对渭河干流来水量影响很小，可以忽略不计。

（4）采用含沙量法计算输沙需水量，丰水年至枯水年，临潼段汛期输沙需水量分别为 63.99 亿 m³、43.22 亿 m³ 和 28.54 亿 m³，分别占全年输沙需水量的 81.32%、57.00% 和 93.02%；华县段汛期输沙需水量分别为 72.26 亿 m³、44.89 亿 m³ 和 28.41 亿 m³，分别占全年输沙需水量的 86.26%、59.10% 和 71.04%。

（5）采用一维水质模型计算自净需水量，林家村、魏家堡、咸阳、临潼和华县 5 个重点断面自净需水量丰水年分别为 24.51 亿 m³、34.78 亿 m³、49.08 亿 m³、63.45 亿 m³ 和 50.27 亿 m³，平水年分别为 14.08 亿 m³、17.41 亿 m³、28.05 亿 m³、37.08 亿 m³ 和 33.08 亿 m³，枯水年分别为 7.33 亿 m³、5.97 亿 m³、12.04 亿 m³、20.94 亿 m³ 和 15.65 亿 m³。采用换水周期法计算水景观需水，林家村、魏家堡、咸阳断面的水景观需水分别为 0.7m³/s、0.3m³/s、0.1m³/s。

（6）在上述生态基流和各项生态服务对象需水的基础上，采用可变区间分析法确定林家村、魏家堡、咸阳、临潼和华县 5 个重点断面的生态流量下限分别为 6.0m³/s、7.0m³/s、9.0m³/s、18.0m³/s 和 20.4m³/s，生态流量上限分别为 21.8m³/s、24.2m³/s、38.2m³/s、66.4m³/s 和 53.7m³/s。将生态流量计算结果与近 10 年的实测径流量进行对比分析，林家村断面生态流量保障程度最低，亟须开展重点水库生态调度，调整水库运行规则，实现渭河流域经济社会与生态环境的协调发展。

4

强竞争条件下层次化用水分析方法

4.1 层次化用水内涵

　　《中华人民共和国水法》第二十一条明确指出[266]："开发、利用水资源，应当首先满足城乡居民生活用水，并兼顾农业、工业、生态环境用水以及航运等需要。在干旱和半干旱地区开发、利用水资源，应当充分考虑生态环境用水需要。"该条款基本上反映了优先满足基本需要，同时保护生态环境这一思想，但针对当前水资源短缺、用水竞争激烈的局面，这一用水次序界定太粗、可操作性不强，且生态环境用水靠后，难以满足干旱地区的生态环境流量[267]。因此，需要将各用户的用水级别进一步细化，明确不同用水情景下的用水优先次序。贾仰文等[268]首次基于成本效益理论提出了层次化用水的概念，它描述了用水量、成本、效益三者之间的关系，用水过程的不同阶段成本与效益间的敏感程度不同，要实现有限水资源的最大潜在生产力，很大程度上依赖于用户的用水过程。因此，需要将各类用户的需水过程划分为三个需水层级，即最低需水量、适宜需水量和最大需水量，且各需水层级对应不同的保证率。

　　用水过程中成本函数与效益函数的关系如图 4-1 所示，$f_{成}(x)$ 为成本函数，表示成本与用水量之间的关系；$f_{效}(x)$ 为效益函数，表示效益与用水量之间的关系；W_0 表示总效益为零时的临界用水量，W_{min} 和 W_{exc} 均表示总效益等于成本时的用水量，W_{eff} 表示净效益最大时的用水量，W_{max} 表示总效益最大时的用水量，W_{cap} 表示设计供水能力。以农田灌溉为例，成本函数 $f_{成}(x)$ 有三个特性：一是函数下限点 A，为生产作物的固定成本，如化肥、耕耘、栽培等；二是函数斜率，表示生产作物的边际可变成本，生产作物的各种因素与用水量的关系均体现在成本函数的斜率上，如化肥用量、劳动力、抽水等；三是函数上限点B，即系统的设计供水能力 W_{cap}。不同的灌水阶段成本函数与效益函数的灵敏度不同，灌水量小于等于 W_0 时，总效益小于等于0，灌水量增大到 W_{min} 时，总效益等于成本，灌水量继续增大到 W_{max} 时，总效益达到最大，当灌水量为 W_{min} 与 W_{max} 之间

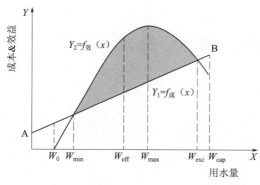

的 W_{eff} 时，即边际效益等于边际成本时的用水量，此时净效益达到最大，这与经济学中市场最优均衡条件，即边际成本等于边际效益是一致的[269]。随着灌水量继续增大，总效益开始减小直至与成本再次达到平衡，此时灌水量为 W_{exc}，可以看出，当灌水量介于 W_{min} 和 W_{exc} 之间时，净效益均为正，如图4-1中阴影部分所示，随着灌水量的继续增大，总效益始终减少，直至到达设计供水能力 W_{cap}[270]。

图4-1 用水过程中成本函数与效益函数示意图

综上所述，将最低需水量定义为用水过程中总效益与总成本首次达到平衡时的用水量，即为 W_{min}，适宜需水量定义为用水过程中边际效益与边际成本相等时，即净效益达到最大时的用水量，即为 W_{eff}，最大需水量定义为用水过程中总效益达到最大时的用水量，即为 W_{max}。

4.2 用户需水级别划分

4.2.1 需水级别划分原则

用户需水级别的划分必须将宏观层面上的用水总量控制指标体系与微观层面上的定额指标体系结合起来，将"以人为本"和"提高用水效率"作为核心，在科学发展观的指导下，进行需水级别的划分，要坚持以下原则：

（1）以人为本，坚持人与自然和谐发展。以人为本，即要保障人类最基本的生存，生活基本用水必须优先保障。生态环境作为人类赖以生存和发展的基础，即要维持生态系统和水环境所需水量，如果这部分水量无法满足，整个生态系统就会崩溃，一旦崩溃或者破坏，很难恢复。为了防止生态危机、物种多样性减少、水环境质量恶化等，生态环境基本用水也必须优先保障。

（2）保障社会稳定和粮食安全。粮食安全主要是站在国家层面考虑的长期战略性问题，确保粮食安全不仅关系经济和社会的发展，更关系社会和谐和国家的稳定，在整个经济社会系统中占据重要地位。保障社会稳定和粮食安全是用户需水级别划分时需要优先考虑的重要因素，不能一味地追求经济效益，而忽视了社会稳定和民族团结。因此，农业基本用水的优先次序仅次于生活基本用水和生态环境基本用水。

（3）公平与效率兼顾。现状用水在一定程度上反映了不同地区经济的发展水平和水量需求规模，这样的存在有其必然性。对于经济不发达的地区，正处于发展阶段，用户需

水级别的划分关系行业的发展，而对于发达地区以及使用水资源效率较高的行业，可以通过市场的形式获得更高的用水优先级别，以此体现不同用水户之间的公平性。在公平性满足的条件下，同时兼顾用水效率，因此，用户需水级别的划分还应考虑用户的经济效益水平。

（4）民主协商。在用户需水级别划分的过程中，要建立民主协商机制，充分协商，以达成共识。此时，局部利益应当服从整体利益、单向目标应当服从整体目标，各类用水户的利益相关者，即"代言人"都应当参与协商讨论，建立自上而下、广泛参与的政治民主协商机制，通过集中决策，最终达成一致决议。

4.2.2　用户需水级别划分

根据上述层次化用水的概念，同时考虑需水级别划分的原则，将各类用户进行需水级别划分。

（1）生活用水。生活用水包括农村生活用水和城镇生活用水，农村居民用水和牲畜饮水是生活用水的两大组成部分，城镇居民生活用水和公共用水是城镇生活用水的两大组成部分[271]。本书将生活用水划分为两级：最低需水量和适宜需水量。最低需水量指为了保证人类的生存，必须优先保障城镇和农村居民生活需水、部分牲畜饮水以及城镇公共设施用水，因其直接关系到人类的生存，必须优先确保；适宜需水量指除满足生活的最小水量需求外，同时满足正常发展规划中所需水量。

（2）农业用水。农业用水主要包括农田用水、林果地用水、草地灌溉用水和渔业用水等。在对灌区不同作物不同生长阶段的需水特点、作物种类及灌溉制度深入分析的基础上划分需水层级。本书将农业用水划分为三级。最低需水量是指为防止出现作物大幅度减产甚至绝收，在确定不同作物关键生长期的基础上，优先确保作物关键生长期的用水，这部分用水又称为"保命水"，其余时间不再取水灌溉，主要依靠天然降水补给；适宜需水量指除满足作物关键生长期的用水外，结合当地引水灌溉条件，基本满足作物其他生长阶段所需水量，从而达到丰产增收的目的；最大需水量指在传统单一的用水层次下，按照正常发展规划农业充分灌溉所需水量。考虑到社会稳定和粮食安全，农业最低需水量的优先次序仅次于生活用水，必须予以满足，适宜需水量可以在考虑经济效率和生态可持续性的基础上予以满足。

（3）工业及三产用水。工业及三产用水包括工业用水和第三产业用水。其中，工业用水又包括火（核）电用水、一般工业用水和建筑业用水。工业及三产用水主要依据经济效率原则进行排序，同时考虑社会公平及减轻污染等因素来划分其需水层级。本书将工业及三产用水划分为三级。最低需水量指优先确保经济效率高、项目意义重大、环境污染轻微的行业用水；适宜需水量指除满足工业的最小水量需求外，满足经济效率一般、项目意义中等、中度环境污染的行业所需水量；最大需水量指在传统单一的用水层次下，按照正常发展规划所需水量。

（4）生态用水。根据水利部印发的《关于做好河湖生态流量确定和保障工作的指导意见》（以下简称《意见》），明确了应从保护对象的用水需求为出发点来确定生态流量。按照《意见》的指示，将生态保护对象分为基本和特殊两大类，基本生态保护对象包括基本栖息地、河湖基本形态等，特殊生态保护对象包括重要的生态敏感区、输沙、河口压咸等。生态保护对象即生态服务对象，按照上述要求，同样将其分为基本服务对象和特殊服务对象。河道内基本服务对象需水按照需要维系的生态环境功能划分，包括基本栖息地需水；河道内河湖基本形态需水、自净需水、景观需水；河道内特殊服务对象包括鱼类需水、输沙需水。河口压咸需水。河道外服务对象需水按生态环境各项建设要求划分，包括城镇绿地需水、生态林草需水、环境卫生需水、河湖湿地补水，如图 4-2 所示。对于具体河段，生态服务对象可以是单项也可以是多项，需要结合河段功能及特点实际确定。根据上一章河道生态流量的研究，将其划分为两级，其中，生态流量下限对应最低生态流量，生态流量上限对应适宜生态流量。

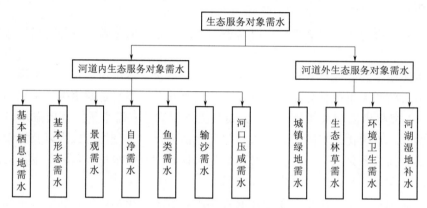

图 4-2 河道内外生态服务对象需水划分

4.3 陕西省渭河流域灌区需水预测

4.3.1 灌区概况

陕西省渭河流域是我国主要的农业生产基地之一，主要种植作物有冬小麦、玉米和棉花等，且以灌溉农业为主。关中灌区是渭河流域的重要农业产区，由西向东分布着冯家山灌区、石头河灌区、宝鸡峡灌区、羊毛湾灌区、泾惠渠灌区、桃曲坡灌区、交口灌区、洛惠渠灌区、石堡川灌区等九大灌区，如图 4-3 所示。本书主要针对陕西渭河流域九大灌区做层次化用水分析。

（1）宝鸡峡灌区位于关中西部，东西长 181km，南北宽 14 km，总面积 353.25 万亩，灌区分塬上、塬下两大系统，塬上灌区为渭北黄土台塬区，塬下灌区为渭河阶地区，占灌区总面积的 70.4% 和 29.6%。灌区以渭河径流为主要水源，塬上灌区从宝鸡峡渠首取水，塬下灌区从魏家堡引水，设计灌溉面积分别为 180.26 万亩和 110.3 万亩，有效灌溉面积分别为 173.79 万亩和 109.8 万亩。作物种植以小麦、玉米、油菜和果树为主。

（2）泾惠渠灌区位于关中平原中部，东西长约 70 km，南北宽 20 km，总土地面积 177.22 万亩。灌区以泾河为主要水源，设计灌溉面积 145.3 万亩，有效灌溉面积 131.9

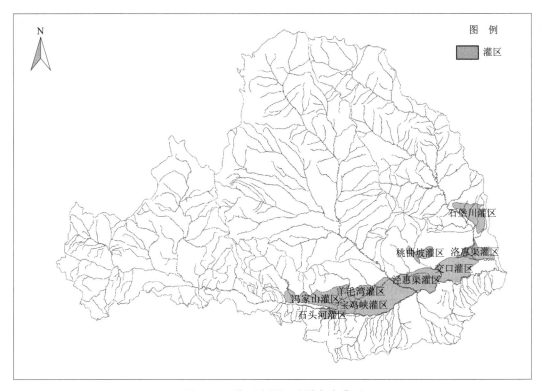

图 4-3　陕西省渭河流域九大灌区

万亩。灌区的灌溉水利用系数为 0.55。作物种植以小麦、玉米、蔬菜、果树为主。

（3）交口灌区位于陕西省关中平原东部、渭河下游，灌区东西长 48.6 km，南北宽 31.9 km，灌辖西安和渭南两市，主要包括临潼、蒲城、阎良、临渭、大荔、富平 6 个县（区）33 个乡（镇），设计灌溉面积和有效灌溉面积分别为 119.73 万亩和 112.96 万亩。灌区水源以渭河干流为主，农作物以小麦、玉米为主。

（4）石头河灌区位于关中西部，东西长 42 km，南北宽 15 km，总面积 630 km²，灌辖岐山、眉县 2 县 10 个乡（镇），设计灌溉面积 37 万亩，有效灌溉面积 29 万亩。灌区主要水源为石头河水库，灌区渠道水利用系数 0.54，田间水利用系数 0.95，灌溉水利用系数 0.51。农作物以小麦、玉米、水稻为主，经济作物以果树、猕猴桃、辣椒为主。

（5）桃曲坡灌区位于关中北部的渭北旱塬区，灌区辖富平、耀州、三原 3 个县（区）21 个乡（镇），设计灌溉面积 40.03 万亩，有效灌溉面积 29.36 万亩。分塬上、塬下灌区两部分，塬上灌区有效灌溉面积 9 万亩，塬下灌区有效灌溉面积 20.36 万亩。灌区主要水源为咀河、漆水河和马栏河，灌区渠道水利用系数 0.57，田间水利用系数 0.88，灌溉水利用系数 0.502。作物种植以小麦、玉米、果树为主。

（6）冯家山灌区位于渭河中游左岸的黄土塬区，东西长 80 km，南北宽 18 km，总面积 160 万亩，设计灌溉面积 136.3 万亩，有效灌溉面积 116.8 万亩。灌区以渭河支流千河为主要水源，灌区渠道水利用系数 0.54，田间水利用系数 0.95，灌溉水利用系数 0.51。灌区农作物主要有豆类、小麦和玉米，经济作物主要有苹果、油菜、辣椒、西瓜等。

（7）羊毛湾灌区位于陕西省关中中部，东西长 40 km，南北宽 10 km，总面积 347 km²。设计灌溉面积 32.54 万亩，有效灌溉面积 24 万亩，灌溉涉及乾县、永寿、武功 3 个县 14 个乡（镇）。灌区以渭河支流漆水河为主要水源，灌区渠道水利用系数 0.61，田间水利用系数 0.85，灌溉水利用系数 0.52。作物种植以小麦、玉米、苹果为主，为主。

（8）洛惠渠灌区位于关中平原东部、北洛河下游，东西长 48 km，南北宽 16 km，总面积 750 km²。设计灌溉面积 77.6 万亩，有效灌溉面积 74.3 万亩。灌区主要水源为洛河，引水枢纽位于洑头乡，灌区渠道水利用系数 0.6，田间水利用系数 0.92，灌溉水利用系数 0.51。作物种植以小麦、棉花、果林为主。

（9）石堡川灌区位于陕西省关中东部，灌溉渭南市白水、澄城 2 个县 16 个乡（镇），设计灌溉面积和有效灌溉面积分别为 40 万亩和 28 万亩。灌区以洛河的一级支流石堡川为主要水源。灌区渠道水利用系数 0.55，田间水利用系数 0.83，灌溉水利用系数 0.456。作物种植以小麦、玉米、棉花、苹果和秋杂为主。

4.3.2 灌区需水分析

本书主要分析 2020 年九大灌区农业灌溉适宜需水量和最低需水量。首先，对九大灌区作物种类和灌溉制度进行分析，确定各灌区内不同种类作物关键生长期；其次，结合作物关键生长期，确定灌区内不同种类作物的适宜灌溉定额和最低灌溉定额；最后，结合不同水平年的农业灌溉面积，采用定额指标法，确定灌区 2020 年适宜需水量和最低需水量。

4.3.2.1 作物关键生长期分析

以宝鸡峡灌区为例进行分析，宝鸡峡灌区种植作物主要包括冬小麦、玉米、油菜、棉花、果树、夏杂、秋杂，此外，还包括瓜类、蔬菜、药材、辣椒等其他作物。依据宝鸡峡灌区灌溉制度，对宝鸡峡灌区主要灌溉季节进行分析，其中，春灌包括 2—5 月 4 个月份，夏灌包括 6—8 月 3 个月份，秋灌包括 9 月、10 月 2 个月份，冬灌包括 11 月、12 月及次年 1 月 3 个月份，秋灌用水量相对较小，被纳入夏灌中。宝鸡峡灌区不同种类作物关键生长期如下[272]：

（1）对于冬小麦，为了促进入冬前有效分蘖，增加地面温度，一般年份冬灌应当给予保证；如果冬灌不能满足，则必须保证一次 2 月中下旬至 3 月上中旬的早春灌，因为这个时期为冬小麦关键生长期，对其生长与增产非常重要，在水量调配过程中必须优先保障。

（2）对于夏玉米，播种期和拔节期为其关键生长期，播种期一般为每年 6 月下旬，拔节期一般为每年 7 月下、中旬，这期间的水量一定要满足。夏玉米的前茬为冬小麦，若遇丰水年，冬小麦耗水量减少，土壤墒情好，不会影响播种期玉米的出苗，此期间所需水量减少，若遇枯水年，冬小麦耗水量增加，土壤墒情差，直接影响播种期玉米的出苗，此期间的水量至关重要，必须保证。

（3）对于果树，坐果期与果实膨大期为其关键生长期，坐果期一般为每年 5 月下旬，果实膨大期一般为每年 6 月，这期间的水量一定要满足。

（4）对于棉花，开花结蕾期为其关键生长期，一般为每年 6 月下旬至 7 月中旬，配水过程中一定要优先保障。

（5）其他作物，如瓜类、秋杂、油菜等，与果树的关键生长期类似，不同的是，灌水定额有所减少，灌水次数有所降低。

上述对于作物关键生长期的划分也没有明确的界限，需要根据来水的实际情况而定。一般来水，平水年，进行冬灌或春灌；丰水年，可根据实际情况灌一次水；枯水年，进行冬灌、春灌、夏灌，同时可以根据实际情况增加灌水次数。

4.3.2.2 灌区需水分析

1. 宝鸡峡灌区需水计算

以宝鸡峡灌区为例，依据《渭河流域大型取水口资料汇编》，并结合对灌区作物关键生长期的分析，灌区主要作物不同生育阶段适宜灌溉需水过程和最低灌溉需水过程见表4-1，由此可以确定各类作物适宜灌溉定额和最低灌溉定额见表4-2。可以看出，宝鸡峡灌区各类作物最低灌溉定额约为适宜灌溉定额的50%～70%，两者丰水年较为接近，枯水年相差较大。

表4-1　宝鸡峡灌区主要作物不同生育期适宜灌溉与最低灌溉需水过程

作物名称	灌水次数	作物生育阶段	开始日期	结束日期	适宜灌溉需水 /（m³/亩）			最低灌溉需水 /（m³/亩）		
					50%	75%	90%	50%	75%	90%
冬小麦	1	越冬	11月11日	12月30日	60	60	60	60	60	60
	2	拔节	2月11日	3月31日	40	40	50	0	10	20
	3	抽穗	4月21日	5月20日	0	40	50	0	0	0
夏杂	1	冬灌	11月11日	12月10日	40	40	40	40	40	40
	2	拔节	2月21日	3月10日	30	30	40	0	10	20
棉花	1	播前灌	2月21日	3月20日	55	55	60	20	30	30
	2	现蕾	7月6日	7月20日	35	35	45	35	35	45
	3	花铃	7月21日	8月5日	30	35	35	0	0	0
	4	花铃	8月6日	8月20日	0	30	30	0	0	0
玉米	1	播种	6月1日	7月5日	45	50	50	10	15	20
	2	拔节	7月6日	7月25日	40	40	50	40	40	40
	3	抽雄	7月26日	8月10日	0	35	40	0	0	0
秋杂	1	拔节	7月11日	7月31日	35	35	35	35	35	35
	2	抽穗	8月1日	8月20日	30	30	30	0	0	10
油菜	1	越冬	11月11日	12月10日	50	50	60	50	50	60
	2	抽苔	3月11日	3月30日	40	40	50	0	0	0
其他	1	生长期1	6月11日	7月10日	30	30	40	30	30	40
	2	生长期2	7月11日	8月10日	45	45	45	0	10	20
果树	1	越冬	12月1日	12月31日	60	60	60	40	40	40
	2	坐果	5月21日	5月31日	0	50	50	0	20	40
	3	膨大	6月1日	6月30日	0	0	30	0	0	0

表 4 - 2　　　　　　　宝鸡峡灌区主要作物适宜灌溉定额与最低灌溉定额

主要作物名称	种植比例/%	适宜灌溉定额/(m³/亩)			最低灌溉定额/(m³/亩)		
		50%	75%	90%	50%	75%	90%
小麦	64.9	100	140	160	60	70	80
夏杂	5	70	70	80	40	50	60
棉花	2.25	120	155	170	55	65	75
玉米	61.2	85	125	140	50	55	60
秋杂	5	65	65	65	35	35	45
油菜	15.9	90	90	110	50	50	60
其他	8	75	75	85	30	40	60
果树	12.5	60	110	140	40	60	80
灌区净平均	174.75	88	121	139	51	59	69
灌区毛平均	0.53	167	228	262	97	112	129

宝鸡峡灌区主要作物实际灌溉制度见表 4 - 3。对比灌区适宜灌溉定额、最低灌溉定额与实际灌溉定额，可以看出，平水年的实际灌溉定额与最低灌溉定额基本接近，远未达到适宜灌溉定额的水平，枯水年实际灌溉定额基本与适宜灌溉定额接近，即个别作物除外。整体而言，宝鸡峡灌区属于非充分灌溉，原因在于与农产品的市场价格相比，灌溉用水的水价仍比较高，影响农户浇地的积极性，因此多数用户只浇救命水，不浇增产水。

表 4 - 3　　　　　　　宝鸡峡灌区主要作物实际灌溉制度

作物	灌水次数	灌水定额/(m³/亩)		作物生育阶段	灌水时间（日/月）	灌水天数/d	灌溉定额/(m³/亩)	
		50%	75%				50%	75%
小麦	1	60	60	越冬	1/11—31/1	92	60	110
	2	—	50	返青拔节	1/2—31/3	59		
	3	—	—	抽穗	21/4—20/5	30		
夏杂	1	60	60	冬灌	1/11—31/1	92	60	100
	2	—	40	拔节	1/2—31/3	59		
棉花	1	60	60	播前灌	21/2—20/3	28	60	160
	2	—	50	现蕾	6/7—20/7	15		
	3	—	50	花铃	26/7—5/8	16		
玉米	1	—	—	播种	1/6—5/7	35	50	100
	2	—	50	拔节	6/7—25/7	20		
	3	50	50	抽雄	26/7—10/8	16		
秋杂	1	50	50	拔节	11/7—31/7	21	50	100
	2	—	50	抽穗	1/8—20/8	20		
油菜	1	60	60	越冬	11/11—10/12	30	60	100
	2	—	40	抽苔	11/3—30/3	20		

续表

作物	灌水次数	灌水定额/(m³/亩)		作物生育阶段	灌水时间（日/月）	灌水天数/d	灌溉定额/(m³/亩)	
		50%	75%				50%	75%
其他	1	50	50	生长期1	10/6—15/7	31	50	100
	2	—	50	生长期2	11/7—10/8	30		
果树	1	—	60	越冬	1/12—31/12	31	60	110
	2	60	50	坐果膨大期	10/6—30/6	20		

注 数据来自《宝鸡峡灌区用水过程分析》。

宝鸡峡灌区不同典型年适宜需水量和最低需水量旬过程如图4-4和图4-5所示，50%、75%、90%典型年适宜灌溉需水量分别为6.42亿 m³、8.81亿 m³、10.09亿 m³，最低灌溉需水量分别为3.75亿 m³、4.30亿 m³、4.99亿 m³，各典型年最低灌溉需水量约为适宜灌溉需水量的50%~60%。可以看出，灌区适宜灌溉需水量与最低灌溉需水量均与年降水量和频率密切相关，特枯水年灌溉需水量最大，较枯水年灌溉需水量次之，平水年灌溉需水量最小。灌区适宜灌溉需水量主要包括2月中下旬、3月、4月下旬、5月的春灌，6月、7月、8月上旬的夏灌，11月中下旬、12月的冬灌，最低灌溉需水量主要包括：6月、7月的夏灌、11月中下旬、12月的冬灌。

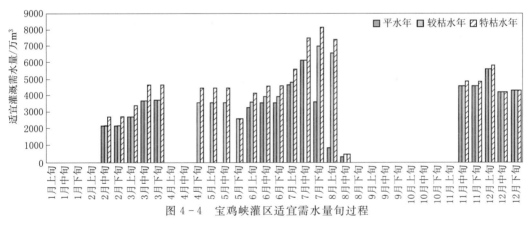

图4-4　宝鸡峡灌区适宜需水量旬过程

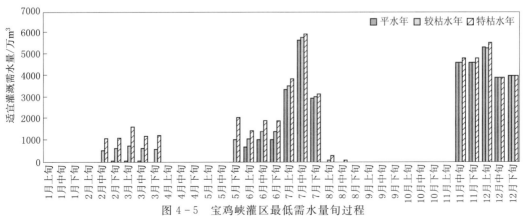

图4-5　宝鸡峡灌区最低需水量旬过程

2. 九大灌区需水量计算

与宝鸡峡灌区类似，分析其他灌区种植作物的关键生长期，结合灌区主要作物不同生育阶段适宜灌溉需水过程和最低灌溉需水过程，确定其他各灌区适宜净灌溉定额和最低净灌溉定额见表4-4。

表4-4　　　　　九大灌区适宜净灌溉定额和最低净灌溉定额　　　　单位：m³/亩

灌区	复种指数	适宜净灌定额			最低净灌定额		
		50%	75%	90%	50%	75%	90%
宝鸡峡	175	88	121	139	51	59	69
泾惠渠	176	97	140	160	55	62	71
交口	183	97	134	148	48	64	79
石头河	170	120	151	166	57	66	76
桃曲坡	167	79	110	131	46	57	68
冯家山	164	100	153	172	46	56	69
羊毛湾	162	117	148	162	57	71	85
洛惠渠	160	145	160	175	74	88	101
石堡川	135	95	148	159	42	54	68
灌区汇总	166	104	141	157	53	64	76

考虑灌溉水利用系数后，不同典型年适宜灌溉定额和适宜灌溉需水量见表4-5和4-6，50%、75%、90%典型年适宜灌溉定额分别为151m³/亩、206m³/亩、229m³/亩，适宜灌溉需水量分别为21.13亿m³、29.02亿m³、32.60亿m³。最低灌溉定额和最低灌溉需水量见表4-8，50%、75%、90%典型年最低灌溉定额分别为77m³/亩、93m³/亩、112m³/亩，最低灌溉需水量分别为11.17亿m³、13.34亿m³、15.78亿m³。可以看出，桃曲坡灌区的适宜灌溉定额和最低灌溉定额较小，洛惠渠灌区较大；石堡川灌区适宜灌溉需水量和最低灌溉需水量较小，宝鸡峡灌区的较大。结果表明，灌区适宜灌溉需水量与最低灌溉需水量均与年降水量和频率密切相关，降水越少，需水越大，各典型年最低灌溉需水量约为适宜灌溉需水量的40%~50%。

其他灌区不同典型年适宜需水和最低需水旬过程如图4-6~图4-21所示，可以看出泾惠渠灌区适宜灌溉需水量主要包括3月、4月中下旬、5月上旬的春灌，6月上中旬、7月中下旬、8月的夏灌，11月中下旬、12月、1月上旬的冬灌，最低灌溉需水量主要包括：6月上中旬、7月中下旬的夏灌，11月中下旬、12月、1月上旬的冬灌；交口抽渭灌区适宜灌溉需水量主要包括3月中下旬、4月上下旬、5月上中旬的春灌，7月、8月上旬的夏灌，11月、12月、1月上旬的冬灌，最低灌溉需水量主要包括：7月、8月上中旬的夏灌，11月、12月、1月上旬的冬灌；石头河灌区适宜灌溉需水量主要包括3月下旬、4月上中旬、5月上旬的春灌，6月中旬、7月、8月中下旬的夏灌，12月的冬灌，最低灌溉需水量主要包括：5月上中旬的春灌，6月中旬、7月的夏灌，12月的冬灌；桃曲坡灌区适宜灌溉需水量主要包括3月、5月的春灌，6月上中旬、7月、8月的夏灌，11月的冬灌，最低灌溉需水量主要包括：3月的春灌，6月上中旬、7月中下旬的夏灌，11月的冬灌；冯家山灌区适宜灌溉需水量主要包括 3 月、4 月上中旬、5 月中下旬的春灌，6—8 月的夏灌，11 月中下旬、12 月的冬灌，最低灌溉需水量主要包括：3 月中下旬、4 月上中旬的春灌，6 月上中旬、7 月中下旬、8 月的夏灌，11 月中下旬、12 月的冬灌；羊毛湾灌区适宜灌溉需水量主要包括 3 月和 5 月的春灌，6 月下旬、7 月、8 月上下旬、9 月上旬的夏灌，12 月的冬灌，最低灌溉需水量主要包括：3 月的春灌，5 月、6 月下旬、7 月、8 月上旬的夏灌，12 月的冬灌；洛惠渠灌区适宜灌溉需水量主要包括 2 月下旬、3 月、4 月中下旬的春灌，6 月、7 月、8 月上旬的夏灌，11 月下旬和 12 月上旬的冬灌，最低灌溉需水量主要包括：2 月下旬、3 月、4 月中旬的春灌，6 月、7 月上中旬的夏灌，11 月下旬和 12 月上旬的冬灌；石堡川灌区适宜灌溉需水量主要包括 3 月下旬、4 月上旬和 5 月上旬的春灌，6 月下旬和 7 月的夏灌，11 月上旬和 12 月的冬灌，最低灌溉需水量主要包括：6 月下旬和 7 月份的夏灌，11 月中下旬和 12 月上中旬的冬灌。

表 4-5　　　　　　　　　　　九大灌区适宜灌溉定额与适宜灌溉需水量

灌区	灌溉水利用系数	适宜灌溉定额/(m³/亩)			适宜灌溉需水量/亿 m³		
		50%	75%	90%	50%	75%	90%
宝鸡峡	0.64	133	182	209	6.42	8.81	10.09
泾惠渠	0.62	148	213	243	3.33	4.80	5.46
交口	0.69	135	188	207	2.85	3.96	4.35
石头河	0.67	169	213	234	1.09	1.37	1.50
桃曲坡	0.66	115	161	191	0.60	0.85	1.01
冯家山	0.63	150	229	256	3.03	4.65	5.20
羊毛湾	0.67	169	214	234	0.77	0.96	1.06
洛惠渠	0.64	213	236	258	2.51	2.79	3.05
石堡川	0.64	142	223	239	0.62	0.98	1.06
灌区汇总	0.65	151	206	229	21.13	29.02	32.60

表 4-6　　　　　　　　　　　九大灌区最低灌溉定额与最低灌溉需水量

灌区	灌溉水利用系数	最低灌溉定额/(m³/亩)			最低灌溉需水量/亿 m³		
		50%	75%	90%	50%	75%	90%
宝鸡峡	0.64	77	89	104	3.75	4.30	4.99
泾惠渠	0.62	83	94	107	1.88	2.15	2.44
交口	0.69	67	89	111	1.40	1.88	2.33
石头河	0.67	81	93	112	0.51	0.59	0.72
桃曲坡	0.66	68	82	99	0.35	0.43	0.52
冯家山	0.63	68	83	103	1.38	1.70	2.10
羊毛湾	0.67	82	102	123	0.37	0.46	0.55
洛惠渠	0.64	109	129	149	1.28	1.52	1.76
石堡川	0.64	64	81	103	0.29	0.37	0.46
灌区汇总	0.65	77	93	112	11.17	13.34	15.78

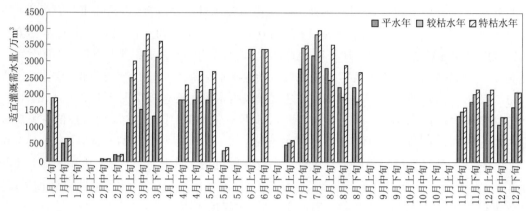

图 4-6 泾惠渠灌区适宜灌溉需水量旬过程

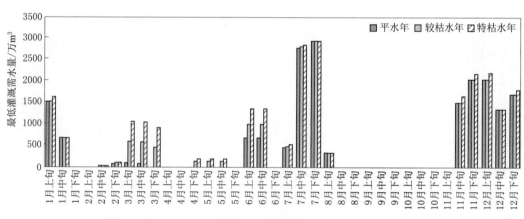

图 4-7 泾惠渠灌区最低灌溉需水量旬过程

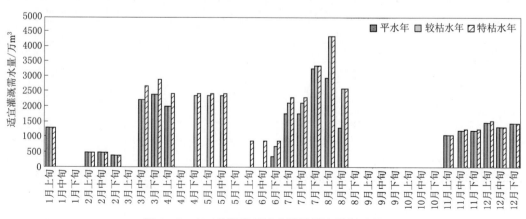

图 4-8 交口抽渭灌区适宜灌溉需水量旬过程

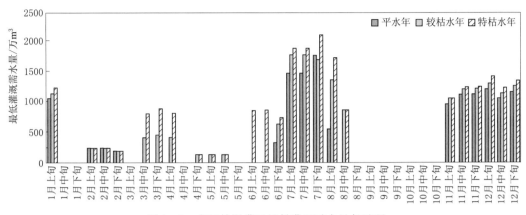

图 4-9　交口抽渭灌区最低灌溉需水量旬过程

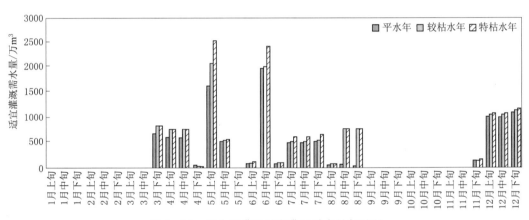

图 4-10　石头河灌区适宜灌溉需水量旬过程

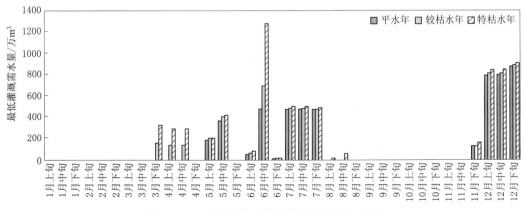

图 4-11　石头河灌区最低灌溉需水量旬过程

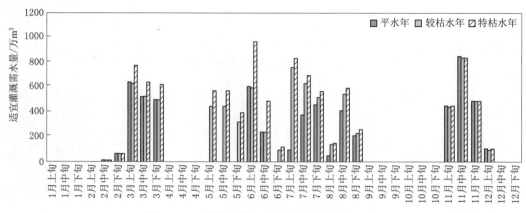

图4-12　桃曲坡灌区适宜灌溉需水量旬过程

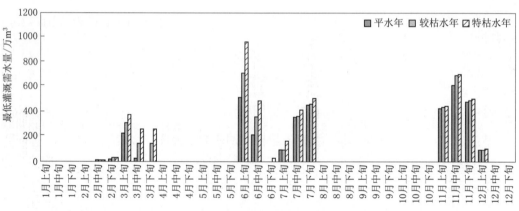

图4-13　桃曲坡灌区最低灌溉需水量旬过程

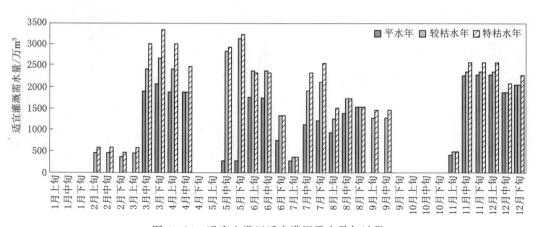

图4-14　冯家山灌区适宜灌溉需水量旬过程

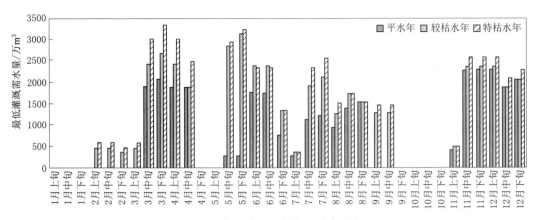

图 4-15 冯家山灌区最低灌溉需水量旬过程

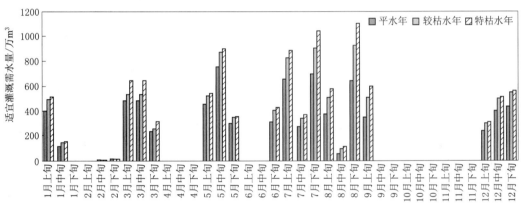

图 4-16 羊毛湾灌区适宜灌溉需水量旬过程

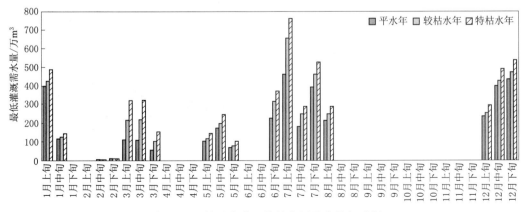

图 4-17 羊毛湾灌区最低灌溉需水量旬过程

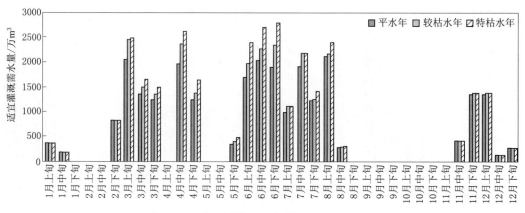

图 4-18 洛惠渠灌区适宜灌溉需水量旬过程

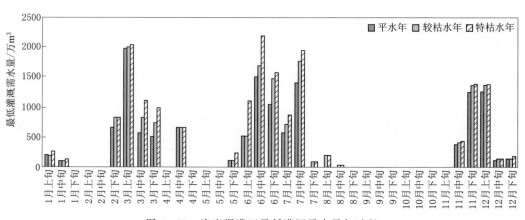

图 4-19 洛惠渠灌区最低灌溉需水量旬过程

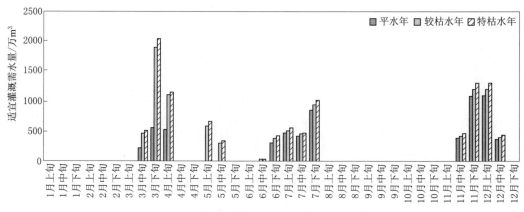

图 4-20 石堡川灌区适宜灌溉需水量旬过程

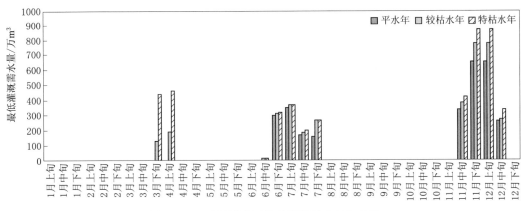

图 4-21 石堡川灌区最低灌溉需水量旬过程

总体来看，陕西省渭河流域九大灌区均属于非充分灌溉，尚不能满足作物生长发育全过程的水量需求，实际灌溉需水已经接近最低用水水平。目前，流域经济社会发展正处于关键时期，城镇化和工业化将严重挤占农业用水，有必要划分各类用户的需水级别，以协调用户间的用水竞争关系，保障整个流域的粮食安全。

4.4 各层级用户用水优先级分析

以宝鸡峡灌区为例进行分析，宝鸡峡灌区分为塬上和塬下两个灌区，渭河干流径流为两灌区主要水源，塬上灌区从宝鸡峡水库引水，塬下灌区从魏家堡水利枢纽引水。宝鸡峡水库主要供水目标除塬上灌区用水外，还包括发电引水和下游林家村断面生态环境用水，魏家堡水利枢纽主要供水目标除塬下灌区用水外，还包括下游魏家堡断面生态环境用水。宝鸡峡水库加坝加闸改造后，渭河干流的水被引入渠道灌溉和发电，导致从宝鸡峡大坝到魏家堡水利枢纽 80km 左右干流河道在枯水期严重缺水，基本处于断流状态。因此，综合考虑本章对九大灌区的层次化用水分析，结合上一章提出的河道内生态环境流量三级管理目标，分析宝鸡峡灌区需水、林家村断面生态环境需水以及发电引水三者之间的优先级关系。

2020 年，宝鸡峡灌区适宜灌溉需水量和最低灌溉需水量分别为 6.42 亿 m^3 和 3.75 亿 m^3，林家村断面生态流量上限和下限分别为 6m^3/s 和 23.2m^3/s，宝鸡峡水电站最大引水流量为 52m^3/s，引水发电与灌溉用水相结合，不单独考虑其优先级别。在水资源调配过程中，依次满足不同级别的水量需求：第一级，生态流量下限>最低灌溉需水；第二级，适宜灌溉需水>生态流量上限。

4.5 本章小结

本章首先阐述了层次化用水的内涵，从用水量、成本、效益三者之间的关系入手，考虑到用水过程的不同阶段成本与效益间的敏感程度不同，将用户需求划分为三个层级：最低需水量、适宜需水量和最大需水量。其次，根据用户需水级别划分的原则，对生活用水、农业用水、工业及三产用水和生态环境用水进行了需水级别划分，分析了不同层级用户用水的优先级关系。再次，以陕西省渭河流域九大灌区为例，通过对灌区内作物种类和灌溉制度的分析，确定了灌区不同作物关键生长期的灌溉需水过程，分析得到九大灌区各水平年不同来水频率下农业灌溉适宜需水量和最低需水量。最后，以宝鸡峡灌区为例，给出了不同层级灌溉需水、生态流量、发电引水三者之间的优先级关系。主要结论如下：

（1）2020年，九大灌区50%、75%、90%典型年适宜灌溉定额分别为151m³/亩、206m³/亩、229m³/亩，适宜灌溉需水量分别为21.13亿m³、29.02亿m³、32.60亿m³；50%、75%、90%典型年最低灌溉定额分别为77m³/亩、93m³/亩、112m³/亩，最低灌溉需水量分别为11.17亿m³、13.34亿m³、15.78亿m³。

（2）渭河流域九大灌区适宜灌溉需水量与最低灌溉需水量均与年降水量和频率密切相关，降水越少，需水越大，各典型年最低灌溉需水量约为适宜灌溉需水量的40%～60%。目前，陕西渭河流域九大灌区均属于非充分灌溉，尚不能满足作物生长发育全过程的水量需求，实际灌溉需水已经接近最低用水水平，有必要对其他各类用户实施层次化用水分析，以协调经济用水与生态环境用水之间的矛盾。

（3）针对宝鸡峡灌区需水、林家村断面生态流量、宝鸡峡水电站发电引水三者之间的竞争关系，提出了满足各类用户不同层级水量需求的优先顺序：第一级，生态流量下限＞最低灌溉需水；第二级，适宜灌溉需水＞生态流量上限。发电引水与灌溉用水相结合，不单独考虑其优先顺序。

5 水利工程服务于生态的协调调度理论与建模

5.1 典型工程概况及供水目标分析

5.1.1 工程概况

宝鸡峡水库位于宝鸡市以西约 11km 渭河林家村峡谷的出口处，具体位置如图 5-1 所示。宝鸡峡水利枢纽为低坝引水式水电站，它包括溢流坝、进水闸、渡槽、渠道等。二期工程是在原工程上扩建，最终形成一个中型Ⅲ等水利工程。水库以灌溉为主，发电为辅，并兼顾流域生态保护、防洪蓄水等任务。宝鸡峡渠首坝址控制流域面积为 30661km²，水库加坝后坝顶高程为 637.60m，坝顶总长 208.60m，最大坝高 49.60m，以增加库容进行蓄水。水库正常蓄水位为 636.00m，汛限水位为 630.00m，总库容为 5000 万 m³，有效库容为 3800 万 m³。坝址下游设有渭河林家村水文站，距离下游魏家堡水文站 67.4km。坝后的宝鸡峡水电站于 2003 年建成运行，利用宝鸡峡渠首加坝后工程落差、结合灌溉引水发电。总装机 8000kW，设计发电量为 4150 万 kW·h，由 3 台机组组成，两台大的机组，单机流量均为 20.8m³/s，一台小的机组，单机流量为 10.4m³/s，最大引水流量为 52m³/s，最小流量为 5m³/s。

宝鸡峡灌区以渭河干流为主要水源，宝鸡峡水库对应宝鸡峡塬上灌溉系统，渭河干流上游来水经过宝鸡峡坝体先发电，发电后的水经塬上总干渠（包括西干渠和东干渠）及各类支渠到达灌区，干渠最大过流能力为 52m³/s，有效灌溉面积为 173.79 万亩。宝鸡峡水库作为陕西省的重点水利工程，对于区域经济社会发展具有重要的意义。水库自建成后在

图 5-1　宝鸡峡水库位置示意图

一定程度上有效缓解了灌区的缺水情况，促进了灌区农业经济发展。但也带来了严重的生态环境问题，大量的渭河水被引入渠道灌溉和发电，灌溉后的水退至下游 70 多 km 处，导致该段河道在枯水年严重缺水，生态环境恶化，水力关系如图 5-2 所示。新一轮的渭河治理进一步加大了下游河道对生态环境的水量需求。宝鸡峡水库调度，需要考虑灌区用水、下游河道生态环境用水、发电用水等多个利益主体，用水矛盾更加突出。因此，为了缓解生态流量不足，满足各利益主体用水需求，有必要开展宝鸡峡水库多利益主体协调调度研究。

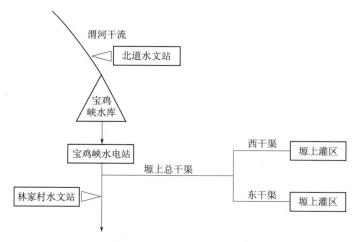

图 5-2　宝鸡峡水利枢纽水资源系统简化图

5.1.2　工程资料

5.1.2.1　特征曲线

（1）水位与库容曲线。宝鸡峡水库水位库容曲线如图 5-3 所示。

（2）尾水位与流量曲线。宝鸡峡水库尾水位流量关系曲线如图 5-4 所示。

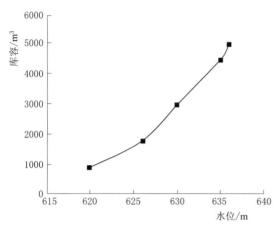

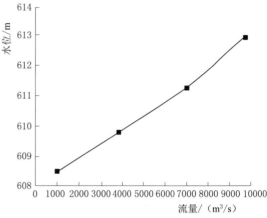

图 5-3　宝鸡峡水库水位库容曲线图　　　图 5-4　宝鸡峡水库尾水位流量关系曲线图

5.1.2.2　径流资料

宝鸡峡水库坝址处无实测水文资料，其上游设有北道水文站，该站的水文径流特征能较好地反映渭河上游干流的丰、平、枯状况，本书以北道水文站 1956—2017 年 62 年的天然径流量资料作为宝鸡峡水库的来水资料，平均径流量曲线如图 5-5 所示。可以看出，北道水文站年平均径流量均有降低的趋势，说明河道径流量呈现减少趋势，1956—1993年相差较小，1994 年出现了陡降，1995—2003 年年平均径流量都较低，与其他年份相差较大，2003 年之后年平均径流量变化趋于平缓。

径流数据的选取直接影响到计算和分析结果的准确性和可信性，故需要事先对北道水文站的径流数据进行"三性"检查，具体分析方法如下：

（1）可靠性审查。采用仪器测量、数据整理等方法编制径流数据。可靠性审查分为四个部分：测验方法和成果、整编方法和成果。对原有的水位数据进行检验和对水位过程进行分析以审核水位数据。通过对水位与流量关系图的绘制并延长曲线，对其变化进行分析以检验水位流量关系曲线。利用上游、下游两个站点的水量均衡对水量平衡关系进行审查。

（2）一致性审查。水利工程修建后，会影响下游水文站观测数据的一致性。因此，在参考水文站数据时需要进行科学合理的校正。通常下游的下垫面没有显著的变化，可认为径流系列是一致的。

（3）代表性审查。水文计算成果的准确性与所选择的样本对整体的代表性有关，代表性与抽样误差成反比，抽样误差随着代表性的增大而减小。检验方法一般考虑设计与参证

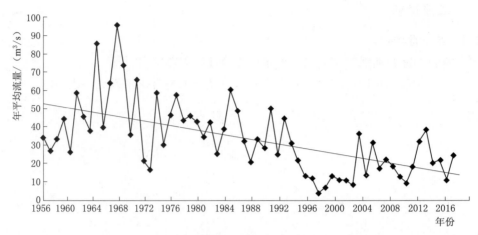

图 5-5 北道水文站年平均径流量曲线图（1956—2017 年）

变量的时序变化和参证变量系列的代表性。

对北道水文站的径流量资料进行三性审查后得到修正后的径流量资料。计算北道径流数据的经验频率，采用皮尔逊Ⅲ型曲线进行适线，如图 5-6 所示。由图可知，$C_v = 0.58$，$C_s = 1.02$，$C_s = 1.76C_v$，由经验频率计算和皮尔逊Ⅲ型曲线适线选取北道站的三个典型年，并以此作为宝鸡峡水库的来水资料，平水年（$P = 50\%$）、较枯水年（$P = 75\%$）和特枯水年（$P = 90\%$）分别为 1990 年、1992 年和 2013 年。

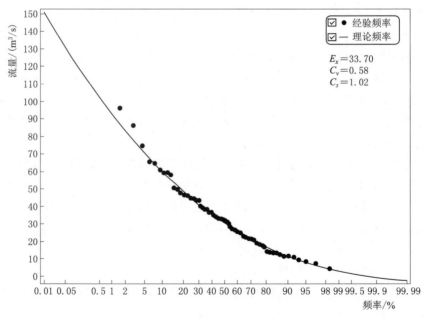

图 5-6 北道水文站径流量频率曲线图

5.1.3 供水目标分析

宝鸡峡水库主要供水目标为宝鸡峡塬上灌区需水、林家村断面生态流量、发电引水。根据前文，确定宝鸡峡灌区需水量与下游林家村断面生态流量的区间边界。

（1）宝鸡峡塬上灌区用水。参考 4.3.2 的内容，宝鸡峡塬上灌区不同典型年最低灌溉需水旬过程和适宜灌溉需水旬过程如图 5-7 和图 5-8 所示，分别对应基本区间上限和博弈区间上限。宝鸡峡塬上灌区平水年（$p=50\%$）、较枯水年（$p=75\%$）、特枯水年（$p=90\%$）的最低灌溉需水总量分别为：1.75 亿 m^3、3.06 亿 m^3 和 3.79 亿 m^3；适宜灌溉需水总量分别为：3.97 亿 m^3、4.94 亿 m^3 和 5.92 亿 m^3。

（2）林家村断面生态流量。生态流量主要考虑生态基流，参考 3.4.1 的内容，林家村断面最低生态基流和适宜生态基流见表 5-1，分别对应基本区间的上限和博弈区间的上限。

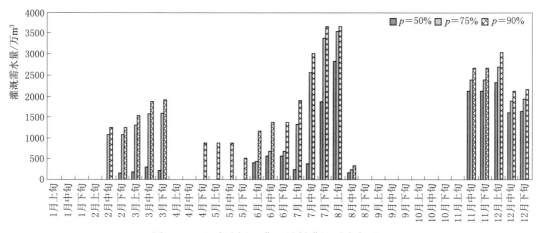

图 5-7 宝鸡峡塬上灌区最低灌溉需水旬过程

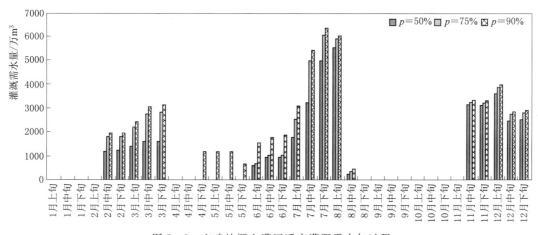

图 5-8 宝鸡峡塬上灌区适宜灌溉需水旬过程

表 5 - 1　　　　　　　　　　　林家村断面生态基流过程　　　　　　　　单位：m³/s

生态基流	1月	2月	3月	4月	5月	6月	7月	8月	9月	10月	11月	12月
最低生态基流	2.2	2.4	3.3	4.4	5.6	5.6	10.0	10.5	11.9	9.1	4.7	2.7
适宜生态基流	8.3	8.7	11.0	13.7	21.0	21.9	41.5	39.2	37.9	35.2	15.6	8.8

（3）发电引水。渭河干流的来水先经过坝体利用上下游形成的水位落差引水发电，发电后下泄的水与水库泄流经过塬上总干渠输送到宝鸡峡灌区进行灌溉，剩余的水量则用来保证河道生态环境健康，提供生态基流。因此，宝鸡峡水库存在竞争用水的利益主体分别为：灌溉需水和生态基流，水电站发电需水完全服从灌溉引水，不单独考虑发电引水。

5.2　水库多利益主体区间化协调机制

5.2.1　区间化协调理念

5.2.1.1　区间化内涵

从数学上讲，区间为一个集合，有最低限度和最高限度，它们是可以量化的，越精确的数据对于管理更为公平、高效和便捷。就我国水资源利用现状来说，各个利益主体在用水时总是追求个人利益最大化，也就意味着如果没有合理有效的管理措施限制各利益主体自身的用水需求，随着经济、科技和社会的不断发展，各利益主体的用水需求必将持续增加，导致总体需水量偏大。自然环境被破坏、气候条件变差、水质污染等等，水资源短缺问题成为世界上的一大难题，在有限水资源的情况下，合理用水、调水、配水和高效用水是解决水资源短缺的重要途径。降雨量、径流量和蒸发量等水文数据时刻在变化，利益主体的用水量也会发生改变。因此，合理准确地量化利益主体用水量是当下尚未解决的技术难题。目前，通过整编相关数据得到的量化数据，其精度较低，原因有两个方面：一方面是实测数据在测量时本身就存在误差；另一方面是因为对数据信息有较高的依赖性。早在1927年，德国物理学家沃纳·卡尔·海森堡[273]提出了"测不准原理"，指出了物理学的预测始终无法达到统计学范畴的预测，即宏观世界的测量方式不适合微观世界，也体现了科学测量的局限。1984年Valiant提出了"Probably Approximately Correct（PAC）"，即"大概近似正确理论"[274]，并在2013年出版了专著 *Probably Approximately Correct*。

在实践—认识—实践的循环过程中，日常工作累积的经验、学习中积累的理论知识和定性分析方法，一直都在指导我们的日常工作。但是定性的分析往往达不到我们需要的精度和深度，所以需要精确、准确、合理地量化。但这一要求又造成了一种错误的看法，那就是"精准的量化才是科学的"。而结果表明，许多研究成果都是以定性的方法对定量结果进行分析，这时成果的可用性就会降低。定性与定量结合，定量但却不是精准，符合需求条件即可，也就是大概近似正确原理的应用。基于大量的经验和信息，依托大概近似正确原理产生的区间化就有了较好的适用性。为了获得更多的数据和信息，依据大数据技术划分区间，区间边界的确定需要进一步细化，一般通过日常工作累积的经验、学习中积累的理论知识确定边界，区间边界也不是一成不变的，需要根据实际情况随时进行调整，这样才能适应社会的发展。

5.2.1.2　区间化协调理念

经济的发展用水与自然环境的稳态运行需水成为有限水资源承载对象的一对矛盾，"争水""抢水"现象屡见不鲜。对于北方资源性缺水流域及区域，开发利用要服务于包含生态环境在内的多利益主体，对原有的利益格局造成影响，导致多利益主体间的竞争更加激烈。河海大学董增川教授指出：水库的健康调度、防洪调度和兴利调度之间应逐步协调，实现系统化、多元化、生态化、可持续化的调度管理目标。但是这将会产生新的问题，如何改进现有水库调度模式，满足为流域水资源综合调度和河流健康生命服务的新要求，如何重新协调新旧利益相关者的利益。《中庸》中道，不偏不倚，无过无不及，它强调适度，而不激励追求最大化。对资源性缺水的流域实施综合治理，加大了生态环境的水量需求，导致多利益主体间的强竞争形势常态化和长期化，且在短期内难以缓解。现有的水库调度虽然考虑了河道内的生态保护，却往往"顾此失彼"，未能兼顾各方利益均衡，因此，如何构建适应强竞争条件的水利工程多利益主体协调调度方法是一个迫切需要解决的问题。

水利工程多利益主体协调调度的难点是如何满足原有的工程任务和为生态服务的新任务，如何协调新旧利益主体之间的矛盾，实现利益均衡。不同于传统优化调度方法，区间化协调调度其核心是协调多利益主体诉求，各利益主体之间合理竞争，强调个人利益又兼顾集体利益。区间化协调调度理念是：基于区间化内涵，分析利益主体用水特点，明确利益主体诉求，兼顾行政区域和流域水资源特性，将利益主体细分为计算单元，每个计算单元作为一个利益单元，如图5-9所示。依据用水过程中效益不同将每个利益单元划分为

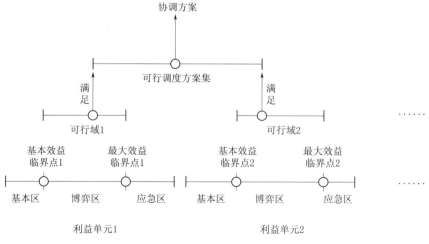

图 5-9　多利益主体区间化协调理念

三类区间：基本区、博弈区、应急区。基本区：保证基本利益，必须予以满足；博弈区：可获得更多的利益，尽力争取满足；应急区：预留的应急水量，贡献者需要补偿。各区间边界对应基本效益临界点和最大效益临界点，在保证各利益单元基本效益的前提下，将博弈区作为各利益单元生态调度可行域，在博弈区内，寻找可行的生态调度方案集，最终在方案集中寻得协调方案。本书主要考虑基本区间和博弈区间。

5.2.2 区间化协调机制

基于区间化协调理念，构建水库多利益主体区间化协调机制（Multi‐Stakeholder Interval Coordination Mechanism，MSICM），包括水源端区间化协调机制和用户端区间化协调机制两部分，具体如图 5‐10 所示。在水源端制定库容分区运用规则，在用户端采用分层用水。协调机制的实现需要有科学的方法和模型工具来响应，本书采用第四章层次化用水分析方法确定利益主体区间边界以响应用户端的协调，构建水库（群）多利益主体协调调度模型以响应水源端的协调。

图 5‐10 水库多利益主体区间化协调机制

5.2.2.1 用户端区间化协调机制

根据第 4 章层次化用水分析方法，考虑用水量、成本、效益三者之间的关系，用水过程的不同阶段成本与效益间的敏感程度不同，要实现有限水资源的最大潜在生产力，需要将各利益主体的需水过程划分为三个层级，即最低需水量、适宜需水量和最大需水量，且各需水层级对应不同的保证率。其中最低需水量对应基本效益临界点，适宜需水量对应最大效益临界点，将基本效益临界点和最大效益临界点分别作为基本区间上限和博弈区间上限。因此，各利益主体的基本区间为：[0，基本效益临界点]，博弈区间为：（基本效益临界点，最大效益临界点]。用户端区间化协调机制具体实现过程如图 5‐11 所示，该机制尽可能满足各利益主体的基本区间需水量，再考虑博弈区间需水量，避免单个利益主体完全满足后再转向其他利益主体所带来的不公平性和较低的生产效率。

5.2.2.2 水源端区间化协调机制

1. 供水优先序

供水优先序需要考虑两种情况，单一水库供水优先序和水库群联合供水优先序。综合考虑上述用户端区间化协调机制，将水库供水优先序划分为两级，如图 5‐12 所示，在水量调配过程中，依次满足不同层级的水量需求。第一级：最低生活需水量→最低生态流量→最低农业需水量→最低工业需水量（工业包含工业及三产）；第二级：适宜生活需水量

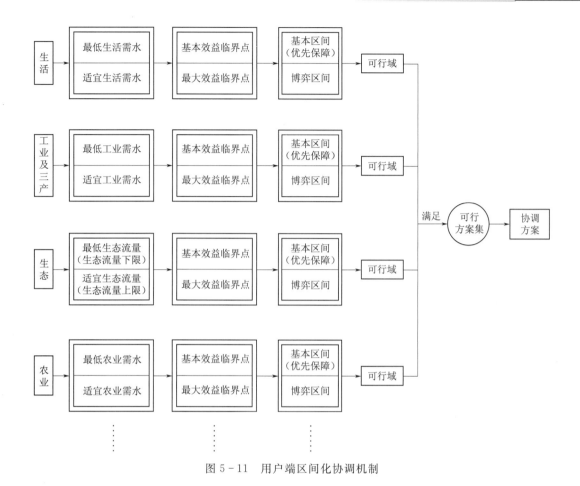

图 5-11 用户端区间化协调机制

→适宜工业需水量→适宜农业需水量→适宜生态流量（"→"表示前者优于后者）。第二级别各利益主体的供水也可通过优化算法竞争来获取。考虑到区域/流域经济社会发展水平、政府相关政策、发展需求等因素，不同区域的用水优先级别会有所调整。针对多个水库联合供水时，不仅要考虑水库自身的供水优先序，还要考虑水库群之间不同水库的供水优先序，分析每个水库的供水任务和库容大小等，以此确定水库群之间不同水库的供水优先序。

2. 供水限制线

供水限制线的含义为：按照供水次序，若水库的可利用水量（当前库容与时段俩水量之和）高于相应利益主体供水限制线对应的库容，则按需求供给，否则该利益主体的用水满足程度受到限制。供水限制线反映了以时间为自变量的水位或库容的变化值，供水限制线连同死水位、正常蓄水位或汛限水位，将水库库容划分为若干个区域，工程运行时，可以依照时间和水位，查其所在调度途中的位置，指导工程调度运行。一般供水限制线的个数与工程对应利益主体的个数相同，根据供水优先序确定供水限制线的位置，优先级越高，供水限制线越的位置越向下。当水库水位低于某一利益主体的供水限制线时，则停止向该利益主体供水；当水库水位高于某一利益主体的供水限

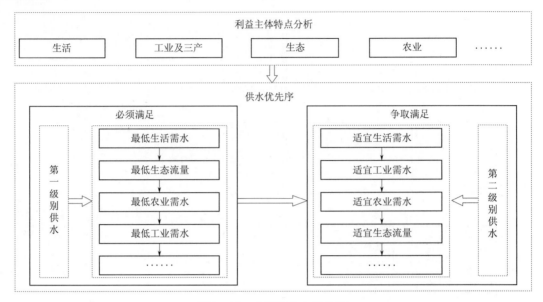

图 5-12　水源端供水优先序

制线时，则正常供水。

一般情况下，每个利益主体对应一条供水限制线，但是在水资源短缺，利益主体竞争用水的条件下，为每个利益主体设置一条供水限制线无法解决他们之间的用水矛盾。为了协调各利益主体间的用水需求，解决各利益主体间"争水""抢水"的问题，将每个利益主体的供水限制线分为两级，即最低供水限制线和适宜供水限制线。由于供水优先序包括两个级别，相应地，水库最低供水限制线由低到高分别为：最低生活供水限制线→最低生态供水限制线→最低农业供水限制线→最低工业供水限制线；水库适宜供水限制线由低到高分别为：适宜生活供水限制线→适宜工业供水限制线→适宜农业供水限制线→适宜生态供水限制线（"→"表示前者供水限制线低于后者）。具体如图 5-13 所示。当单个水库无法协调各利益主体的用水时，就需要多个水库联合供水，在每个水库的兴利库容范围内设置供水限制线，当到达该水库的供水限制线时，则停止向各利益主体供水，转由其他水库供水。

基于上述区间化协调机制，以典型工程为例，将传统的水库多利益主体优化调度（Multi-Stakeholder Optimal Operation of Reservoir，MSOOR）方法与水库多利益主体协调调度（Multi-Stakeholder Coordinated Operation of Reservoir，简称 MSCOR）方法进行对比分析，具体应用流程如图 5-14 所示。前者根据目标函数和约束条件直接构建水库多利益主体优化调度模型，采用优化算法获得优化调度方案；后者则基于区间化协调机制，将各利益主体的需水过程划分为基本区间和博弈区间，构建水库多利益主体协调调度模型，基本区间按照供水优先序优先保障，博弈区间内采用优化算法获得协调调度方案。由于受到区间边界的影响，两者约束条件有所区别，参数设置基本一致。此外，本书暂不考虑供水限制线。

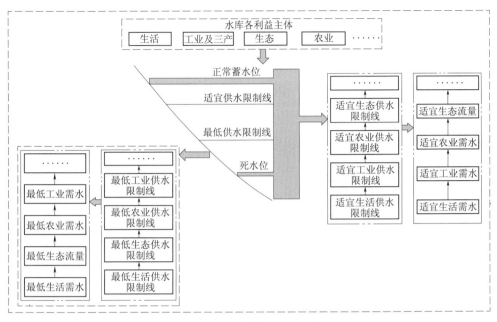

图 5-13　水库各利益主体供水限制线

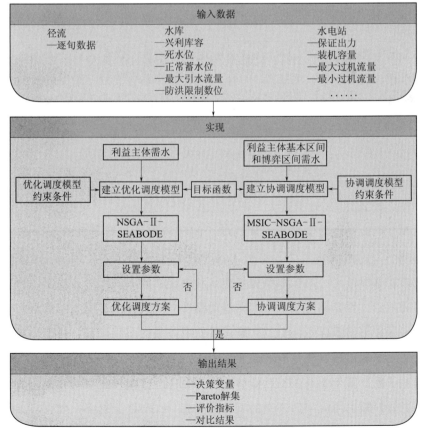

图 5-14　MSCOR 方法与 MSOOR 方法应用流程图

5.3　优化调度模型构建及求解算法

5.3.1　目标函数与约束条件

5.3.1.1　目标函数

宝鸡峡水库需要考虑灌溉、发电、生态、防洪等多个利益主体，其中防洪目标可以通过水库汛期水位上限限制的方式转化为约束条件进行满足，发电引水完全服从灌溉引水和下游河道生态用水，灌溉和生态则成为需要建立优化调度模型的两大目标。本研究选取灌溉效益最大和修正全年流量偏差函数（Amended Annual Proportion Flow Deviation，生态 AAPFD 值）最小这两个目标作为宝鸡峡水库多利益主体优化调度的目标函数。

（1）目标函数 1：灌溉效益最大。

$$G = \max\left[f\left(\sum_{t=1}^{T} W_t \right) \right], \ t = 1, \ 2, \ \cdots, \ T \tag{5-1}$$

式中：G 为灌溉效益，亿元；W_t 为时段灌溉水量，m^3；$f\left(\sum_{t=1}^{T} W_t \right)$ 为灌溉水量和灌溉效益的关系，亿元。

高志玥等[275]的研究成果表明，不考虑化肥用折纯量、农业人员、农用机械总劳动力等因素，将水作为生产要素，利用 C-D 生产函数建立数学模型，采用岭回归分析得到农业水资源弹性系数，进而利用面积比拟法，得出宝鸡峡塬上灌区灌溉效益与水量的关系如下：

$$f(W) = 7.16W^{0.087} \tag{5-2}$$

式中：$f(W)$ 为灌溉效益，亿元；W 为灌溉水量，m^3。

（2）目标函数 2：生态效益最大，即生态 AAPFD 值最小。

生态 AAPFD 值最小即宝鸡峡水库调度后的河道流量与河道天然流量之间的偏差最小。据 Poff 等[276]的研究，天然、不被人为干扰的水文环境中，河流生物种类最丰富、水生态环境的完整性最优。对于那些因修建水利枢纽、水库调度等人为活动而导致水文条件变化的河流，通过生态调度改变水库传统的调度方式，保证河道生态基流，达到改善河道生态环境和保护生物多样性的目的。经过各专业人员的多年研究，目前用来判断水库经生态调度后河流水文过程发生变化程度的方法较多，本书采用 Ladson 等[277]提出的修正全年流量偏差函数，即生态 AAPFD 值。生态 AAPFD 值在判断河道流量大小变化时更加准确敏感，更能判断出河流生态环境的好坏，生态 AAPFD 值越小，代表河流生态环境越好。其计算公式为

$$E = \min \left[\sum_{t=1}^{T} \left(\frac{q_t - q_t^n}{\overline{q_t^n}} \right)^2 \right]^{0.5}, \quad t = 1, 2, 3, \cdots, T \qquad (5-3)$$

式中：E 为最小生态 AAPFD 值；q_t 为 t 时段调度后流量，$\mathrm{m^3/s}$；q_t^n 为 t 时段天然流量，$\mathrm{m^3/s}$；$\overline{q_t^n}$ 为调度期内天然流量平均值，$\mathrm{m^3/s}$。

5.3.1.2　约束条件

（1）水量平衡约束：

$$V_{t+1} = V_t + (I_t - Q_t)\Delta t \qquad (5-4)$$

式中：V_t、V_{t+1} 分别为 t 时段和 $t+1$ 时段水库水量，$\mathrm{m^3}$；I_t 为 t 时段入库流量，$\mathrm{m^3/s}$；Q_t 为 t 时段出库流量，$\mathrm{m^3/s}$。

（2）水库水位约束：

$$Z_{t,\,\min} \leqslant Z_t \leqslant Z_{t,\,\max} \qquad (5-5)$$

式中：Z_t 为第 t 时段水库水位，m；$Z_{t,\,\min}$ 为水库 t 时段末允许蓄存的水位下限，m，对应水库死水位；$Z_{t,\,\max}$ 为水库 t 时段末允许蓄存的水位上限，m，汛期对应水库汛限水位，其他时期为正常蓄水位。

（3）渠首引水流量约束：

$$0 \leqslant Q_{I,\,t} \leqslant Q_{I,\,\max} \qquad (5-6)$$

式中：$Q_{I,\,t}$ 为 t 时段渠首灌溉引水流量，$\mathrm{m^3/s}$；$Q_{I,\,\max}$ 为渠首灌溉引水流量最大值，$\mathrm{m^3/s}$。

（4）机组时段出力约束：

$$N_{\min} \leqslant N_t \leqslant N_{\max} \qquad (5-7)$$

式中：N_t 为第 t 时段出力，kW；$N_{\min}$、$N_{\max}$ 分别为时段最小出力和最大出力，kW。

（5）机组过流能力约束：

$$Q_{\min}^f \leqslant Q^f \leqslant Q_{\max}^f \qquad (5-8)$$

式中：Q^f 为 t 时段机组过机流量，$\mathrm{m^3/s}$；$Q_{\min}^f$、$Q_{\max}^f$ 分别为机组最小和最大过流流量，$\mathrm{m^3/s}$。

（6）以上所有变量均为正值。

5.3.2　NSGA-Ⅱ-SEABODE 算法

5.3.2.1　算法介绍

根据上述模型和约束条件，采用适当的算法求解 MSOOR 问题。本书将 NSGA-Ⅱ 和 SEABODE 相耦合，建立了求解 MSOOR 问题的 NSGA-Ⅱ-SEABODE 算法。算法的基本思想是：首先，在初始化阶段输入数据、参数和所研究的问题；其次，综合考虑各利益相关者的利益需求，建立水库多利益主体优化调度模型；再次，采用非支配排序遗传算法（NSGA-Ⅱ）获得 Pareto 解集（备选方案集）；最后，利用 k 阶 p 级有效概念的备选方案逐次淘汰法（SEABODE）对备选方案集进行优选，得到最终推荐优化调度方案。具体过程如图 5-15 所示。

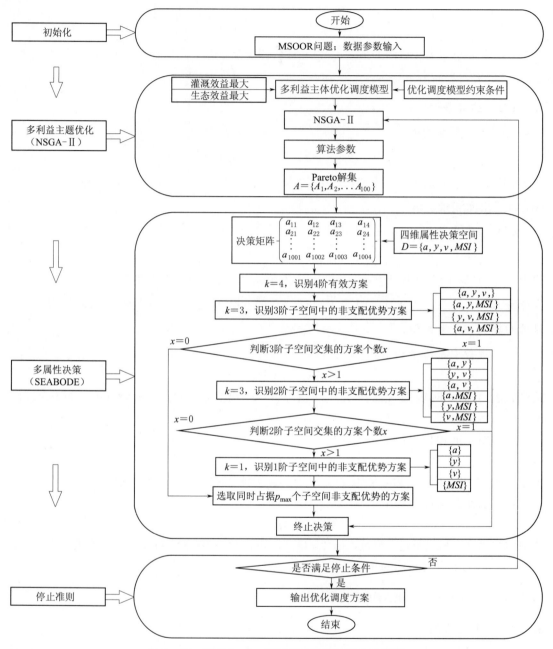

图 5-15　NSGA-Ⅱ-SEABODE 算法简化流程图

5.3.2.2　操作步骤

将 NSGA-Ⅱ-SEABODE 算法应用于宝鸡峡水库 MSOOR 问题，在算法中加入了 MSOOR 问题的已有函数和约束。对平水年、较枯水年和特枯水年进行了优化调度计算。算法的基本参数设置为：种群规模为 N，最大迭代次数为 $Maxgen$，跨界概率为 pc，突变概率为 pm，交叉分配指数为 η_c，突变分布指数为 η_m，调度周期以旬为单位，共为 36

旬。以水位为决策变量，在可行水位范围内（水位上下限）随机生成 N 个个体。通过一系列步骤，主要包括多利益主体优化、多属性决策等，不断更新解决方案，如此反复，直到满足条件就停止迭代。NSGA-Ⅱ-SEABODE 的迭代步骤如算法 1 所示。

算法 1：NSGA-Ⅱ-SEABODE

输入：MSOOR 问题，约束条件，决策变量（水位），种群数 N，最大迭代次数 $Maxgen$，交叉概率 pc，变异概率 pm，交叉分配指数 η_c，突变分布指数 η_m。

输出：$\{X^1, \cdots, X^N\}$ 和 $\{S^1, \cdots, S^N\}$ ← 最终水位和优化方案。

Step 1：初始化

1.1 参数设置：$N=100$，$Maxgen=1000$，$pc=0.9$，$pm=0.08$，$\eta_c=20$，$\eta_m=20$，$Gen=0$；

1.2 $\{X^1, \cdots, X^N\}$ ← 随机初始化种群。

Step 2：多利益主体优化（NSGA-Ⅱ）

2.1 根据目标函数和约束条件构建多利益主体优化调度模型；

2.2 通过 NSGA-Ⅱ 算法获得 Pareto 解集（备选方案集）$A=\{A_1, A_2, \cdots A_{100}\}$。

Step 3：多属性决策（SEABODE）

3.1 $D=\{\alpha, \gamma, \nu, MSI\}$ ← 构建四维属性决策空间；

3.2 $k=4$，识别 4 阶有效方案；

3.3 $k=k-1$，识别 $k-1$ 子空间非支配优势方案；并判断 $k-1$ 子空间交集的有效方案个数 x；

3.4 If $x>1$，进行到 Step 3.3；

else if $x=1$，直接输出最终优化调度方案 $\{S^1, \cdots, S^N\}$；

else $x=0$，选取同时占据 p_{max} 个子空间非支配优势的方案；

3.5 终止决策。

Step 4：停止准则

If 停止条件满足了，停止；else 进行到 Step 2。

5.4 协调调度模型构建及求解方法

5.4.1 目标函数与约束条件

5.4.1.1 目标函数

选取灌溉效益最大和生态 AAPFD 值最小作为宝鸡峡水库多利益主体协调调度模型的目标函数。

（1）目标函数 1：灌溉效益最大。

$$G = \max\left[f\left(\sum_{t=1}^{T} W_t\right)\right], \quad t=1, 2, \cdots, T \tag{5-9}$$

式中：G 为灌溉效益，亿元；W_t 为时段灌溉水量，m^3；$f\left(\sum_{t=1}^{T} W_t\right)$ 为灌溉水量和灌溉效益的关系，亿元。

（2）目标函数 2：生态效益最大，即生态 AAPFD 值最小。

$$E = \min \left[\sum_{t=1}^{T} \left(\frac{q_t - q_t^n}{\overline{q_t^n}} \right)^2 \right]^{0.5}, \quad t = 1, 2, 3, \cdots, T \qquad (5-10)$$

式中：E 为最小生态 AAPFD 值；q_t 为 t 时段调度后流量，m^3/s；q_t^n 为 t 时段天然流量，m^3/s；$\overline{q_t^n}$ 为调度期内天然流量平均值，m^3/s。

5.4.1.2　约束条件

（1）水量平衡约束：

$$V_{t+1} = V_t + (I_t - Q_t)\Delta t \qquad (5-11)$$

式中：V_t、V_{t+1} 分别为 t 时段和 $t+1$ 时段水库水量，m^3；I_t 为 t 时段入库流量，m^3/s；Q_t 为 t 时段出库流量，m^3/s。

（2）水库水位约束：

$$Z_{t,\,\min} \leqslant Z_t \leqslant Z_{t,\,\max} \qquad (5-12)$$

式中：Z_t 为第 t 时段水库水位，m；$Z_{t,\,\min}$ 为水库 t 时段末允许蓄存的水位下限，m，对应水库死水位；$Z_{t,\,\max}$ 为水库 t 时段末允许蓄存的水位上限，m，汛期对应水库汛限水位，其他时期为正常蓄水位。

（3）渠首引水流量约束：

$$0 \leqslant Q_{I,\,t} \leqslant Q_{I,\,\max} \qquad (5-13)$$

式中：$Q_{I,\,t}$ 为 t 时段渠首灌溉引水流量，m^3/s；$Q_{I,\,\max}$ 为渠首灌溉引水流量最大值，m^3/s。

（4）机组时段出力约束：

$$N_{\min} \leqslant N_t \leqslant N_{\max} \qquad (5-14)$$

式中：N_t 为第 t 时段出力，kW；$N_{\min}$、$N_{\max}$ 分别为时段最小出力和最大出力，kW。

（5）机组过流能力约束：

$$Q_{\min}^f \leqslant Q_t^f \leqslant Q_{\max}^f \qquad (5-15)$$

式中：Q_t^f 为 t 时段机组过机流量，m^3/s；$Q_{\min}^f$、$Q_{\max}^f$ 分别为机组最小和最大过流流量，m^3/s。

（6）基本区间水量约束：

$$0 \leqslant I_t \leqslant Q_{\min,\,t} \qquad (5-16)$$
$$Q_{\min,\,t} = Q_{\min,\,t}^I + Q_{\min,\,t}^E \qquad (5-17)$$

式中：$Q_{\min,\,t}^I$、$Q_{\min,\,t}^E$ 分别为第 t 时段灌溉、生态基本需水流量，m^3/s；$Q_{\min,\,t}$ 为第 t 时段的 $Q_{\min,\,t}^I$ 与 $Q_{\min,\,t}^E$ 之和，m^3/s。

（7）博弈区间水量约束：

$$Q_{\min,\,t} < I_t \leqslant Q_{\max,\,t} \qquad (5-18)$$
$$Q_{\max,\,t} = Q_{\max,\,t}^I + Q_{\max,\,t}^E \qquad (5-19)$$

式中：$Q_{\max,\,t}^I$、$Q_{\max,\,t}^E$ 分别为第 t 时段灌溉、生态最大需水流量，m^3/s；$Q_{\max,\,t}$ 为第 t 时段的 $Q_{\max,\,t}^I$ 与 $Q_{\max,\,t}^E$ 之和，m^3/s。

（8）以上所有变量均为正值。

5.4.2　MSIC‐NSGA‐Ⅱ‐SEABODE 算法

5.4.2.1　算法介绍

根据上述模型和约束条件，应用适当的算法求解 MSCOR 问题。本书将 MSIC、

NSGA-Ⅱ和 SEABODE 三者相耦合，建立了求解 MSCOR 问题的 MSIC-NSGA-Ⅱ-SEABODE 算法。算法的基本思想是：首先，在初始化阶段输入数据、参数和所研究的问题；其次，根据多利益主体区间化协调机制，确定各利益相关者的区间边界，得到基本区间和博弈区间；再次，建立水库多利益主体协调调度模型，使用 NSGA-Ⅱ获得博弈区间内的备选方案集，并利用 SEABODE 方法对备选方案集进行排序、淘汰和选择；最后，满足停止准则，得到协调调度方案。具体过程如图 5-16 所示。

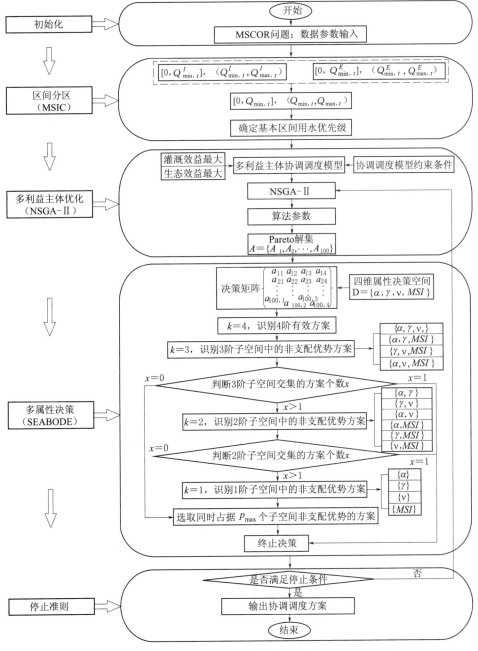

图 5-16　MSIC-NSGA-Ⅱ-SEABODE 算法简化流程图

5.4.2.2 操作步骤

将 MSIC - NSGA - Ⅱ - SEABODE 算法应用于宝鸡峡水库 MSCOR 问题，在算法中加入了 MSCOR 问题的已有函数和约束。对平水年、较枯水年和特枯水年进行了协调运行计算。算法的基本参数设置为：种群规模为 N，最大迭代次数为 $Maxgen$，跨界概率为 pc，突变概率为 pm，交叉分配指数为 η_c，突变分布指数为 η_m，调度周期以旬为单位，共为 36 旬。以水位为决策变量，在可行水位范围内（水位上下限）随机生成 N 个个体。通过一系列步骤，主要包括区间划分、多利益主体优化、多属性决策等，不断更新解决方案，如此反复，直到满足条件就停止迭代。MSIC - NSGA - Ⅱ - SEABODE 的迭代步骤如算法 2 所示。

算法 2：MSIC - NSGA - Ⅱ - SEABODE

输入：MSCOR 问题，约束条件，决策变量（水位），种群数 N，最大迭代次数 $Maxgen$，交叉概率 pc，变异概率 pm，交叉分配指数 η_c，突变分布指数 η_m。

输出：$\{X^1，\cdots，X^N\}$ 和 $\{S^1，\cdots，S^N\}$ ← 最终水位和协调方案。

Step 1：初始化

1.1 参数设置：$N=100$，$Maxgen=1000$，$pc=0.9$，$pm=0.08$，$\eta_c=20$，$\eta_m=20$，$Gen=0$；

1.2 $\{X^1，\cdots，X^N\}$ ← 随机初始化种群。

Step 2：区间划分（MSIC）

2.1 分析各利益主体的用水特点，明确各利益主体的用水需求；

2.2 $[0，Q_{\min,t}^I]$ 与 $(Q_{\min,t}^I，Q_{\max,t}^I)$ ← 确定灌溉需水的基本区间和博弈区间；

2.3 $[0，Q_{\min,t}^E]$ 与 $(Q_{\min,t}^E，Q_{\max,t}^E)$ ← 确定生态流量的基本区间和博弈区间；

2.4 $[0，Q_{\min,t}]$ 与 $(Q_{\min,t}，Q_{\max,t})$ ← $Q_{\max,t}=Q_{\max,t}^I+Q_{\max,t}^E$ 与 $Q_{\min,t}=Q_{\min,t}^I+Q_{\min,1}^E$。

2.5 基本区间供水优先级：生态→灌溉。

Step 3：多利益主体优化（NSGA - Ⅱ）

3.1 根据目标函数和约束条件构建多利益主体协调调度模型；

3.2 If $0 \leqslant I_t \leqslant Q_{\min,t}$，按照基本区间的供水优先级依次供水；

else if $Q_{\min,t} < I_t \leqslant Q_{\max,1}$，首先保证各利益主体基本区间需水，其次通过 NSGA - Ⅱ 算法获得 Pareto 解集（备选方案集）$A = \{A_1，A_2，\cdots，A_{100}\}$。

Step 4：多属性决策（SEABODE）

4.1 $D = \{\alpha，\gamma，\nu，MSI\}$ ← 构建四维属性决策空间；

4.2 $k = 4$，识别 4 阶有效方案；

4.3 $k = k - 1$，识别 $k - 1$ 阶子空间非支配优势方案；并判断 $k - 1$ 子空间交集的有效方案个数 x；

4.4 If $x > 1$，进行到 Step 4.3；

else if $x = 1$，直接输出最终协调调度方案 $\{S^1，\cdots，S^N\}$；

else $x = 0$，选取同时占据 $p_{\max}$ 个子空间非支配优势的方案；

4.5 终止决策。

Step 5：停止准则

If 停止条件满足了，停止；else 进行到 Step 3。

5.5　调度性能评价指标

为了探明宝鸡峡水库灌溉效益与生态效益之间的关系，量化供水不足的损失程度，评估宝鸡峡水库的供水风险，选取了四个评价指标作为供水不足损失程度的度量指标，构建四维评价指标体系。因为宝鸡峡水库协调调度模型的目标为：灌溉效益最大、生态AAPFD值最小，所以针对灌溉选取了可靠性（α）指标来评价灌溉需水的满足程度，选取可恢复性（γ）、缺水深度（ν）和缺水指数（MSI）共三个指标来反映生态AAPFD值。四个指标具体介绍及公式如下：

（1）可靠性（α）。该指标表示在宝鸡峡水库调度周期内，宝鸡峡灌区灌溉需水能够满足的时段数与整个调度周期的总时段数的比值，反映的是灌溉需水在水库调度过程中被满足的程度，计算公式为

$$\alpha = \frac{\sum_{t=1}^{T} K_t}{T} \qquad (5-20)$$

式中：K_t 为 t 时段水库出库流量是否满足灌溉基本用水需求的判别系数，当 $Q_t \geqslant Q_{\min,\,t}^I$ 时，$K_t = 1$，否则 $K_t = 0$。

（2）可恢复性（γ）。该指标表示在宝鸡峡水库调度周期内，通过改变宝鸡峡水库调度方式，经水库调水后，宝鸡峡水库下游河道生态环境从破坏状态（$Q_t < Q_{\min,\,t}^I$）恢复到正常状态的平均概率，计算公式为

$$\gamma = \frac{\sum_{t=1}^{T} (K_{t+1} = 1 \mid K_t = 0)}{T - \sum_{t=1}^{T} K_{t+1}} \qquad (5-21)$$

（3）缺水深度（ν）。该指标表示在宝鸡峡水库调度周期内单一时段生态相对缺水程度的最大值，计算公式为

$$\nu = \max(DR_1,\ DR_2,\ \cdots,\ DR_t),\quad DR_t = 1 - \frac{Q_{s,\,t}^E}{Q_{\max,\,t}^E} \qquad (5-22)$$

式中：DR_t 为 t 时段生态相对缺水量；$Q_{s,\,t}^E$ 为 t 时段生态总供水流量，$\mathrm{m^3/s}$。

（4）缺水指数（MSI）。该指标反映宝鸡峡水库生态效益的损失程度，计算公式为

$$MSI = \frac{100}{T} \sum_{t=1}^{T} DR_t^2 \qquad (5-23)$$

式中：T 为调度期总时段数。

上述四个指标中，可靠性（α）和可恢复性（γ）为最大化类型指标，其值越大越好；缺水深度（ν）和缺水指数（MSI）为最小化类型指标，其值越小越好。

5.6　本章小结

本章首先介绍了区间化内涵和区间化协调理念，分析了区间化协调机制，包括用户端

区间化协调机制和水源端区间化协调机制；其次，将传统的水库多利益主体优化调度（MSOOR）方法与水库多利益主体协调调度（MSCOR）方法进行对比分析；再次，构建了水库多利益主体优化调度模型和协调调度模型及其求解算法；最后，建立了水库调度性能四维评价指标，为下一章典型工程协调调度与优化调度对比分析提供理论支撑。主要结论如下：

（1）介绍了宝鸡峡水库基本情况，包括工程规模、特征参数和特性曲线等；分析了水库上游北道水文站的径流资料，并对其进行三性审查；选取了 1990 年作为平水年（50％）、1992 年作为较枯水年（75％）、2013 年作为特枯水年（90％）；并对水库的供水目标进行分析，为后续水库多利益主体协调调度和优化调度提供数据支撑。

（2）提出了区间化协调理念，基本区：保证基本利益，必须予以满足；博弈区：可获得更多的利益，尽力争取满足；应急区：预留的应急水量，贡献者需要补偿；建立了水库多利益主体区间化协调机制，在水源端，通过库容分区运用，制定供水优先序和供水限制线，在用户端，采用层次化用水分析方法确定各利益主体的基本区间和博弈区间，优先保证基本区间需水，在博弈区内寻找可行方案集，在方案集中寻得最终协调调度方案。

（3）基于上述区间化协调机制，将水库多利益主体优化调度（MSOOR）方法与水库多利益主体协调调度（MSCOR）方法进行对比分析；前者根据目标函数和约束条件直接构建多利益主体优化调度模型；后者则基于区间化协调机制，构建多利益主体协调调度模型；前者采用 NSGA‑Ⅱ‑SEABODE 算法得到优化调度方案，后者采用 MSIC‑NSGA‑Ⅱ‑SEABODE 算法得到协调调度方案。

（4）为了探明宝鸡峡水库灌溉效益与生态效益之间的关系，量化供水不足的损失程度，选取了四个评价指标构建调度性能四维评价指标体系，包括可靠性（α）、可恢复性（γ）、缺水深度（ν）和缺水指数（MSI）；可靠性（α）和可恢复性（γ）为最大化类型指标，其值越大越好；缺水深度（ν）和缺水指数（MSI）为最小化类型指标，其值越小越好。

6 优化调度方案与协调调度方案对比分析

6.1 优化调度方案研究

宝鸡峡水库优化调度属于 MSOOR 问题，采用 "NSGA-Ⅱ-SEABODE" 算法求解宝鸡峡水库多利益主体优化调度模型，获得不同典型年下 [平水年 （$P=50\%$）、较枯水年 （$P=75\%$）、特枯水年 （$P=90\%$）] 水库的灌溉效益与生态 AAPFD 值的 Pareto 非劣解集，对比分析不同典型年 Pareto 非劣解集中的典型优化方案：最大灌溉效益方案和最大生态效益 （最小生态 AAPFD 值） 方案，将不同典型年多利益主体 Pareto 解集作为多属性决策的备选方案集，构建四维评价指标体系，对各典型年的方案集进行排序、淘汰与选择，最终得到优化调度方案。

6.1.1 典型年优化调度结果

6.1.1.1 平水年 （$P=50\%$）

50% 平水年宝鸡峡水库灌溉效益与生态 AAPFD 值的 Pareto 非劣解集见表 6-1。

表 6-1　　　　　　　　　平水年优化调度模型 Pareto 非劣解集

序号	灌溉效益/亿元	生态 AAPFD 值	序号	灌溉效益/亿元	生态 AAPFD 值
1	7.970	1.337	3	7.913	1.119
2	7.913	1.120	4	7.910	1.125

续表

序号	灌溉效益/亿元	生态 AAPFD 值	序号	灌溉效益/亿元	生态 AAPFD 值
5	7.912	1.120	98	7.938	1.162
⋮	⋮	⋮	99	7.952	1.192
96	7.956	1.208	100	7.912	1.121
97	7.958	1.210			

由平水年优化调度模型的 Pareto 非劣解集可知，宝鸡峡水库灌溉效益的最小值为 7.910 亿元，最大值为 7.970 亿元；生态 AAPFD 值的最小值为 1.125，最大值为 1.314。平水年优化调度模型 Pareto 曲线如图 6-1 所示。由图可知，宝鸡峡水库灌溉效益与生态 AAPFD 值具有较强的相关性，当灌溉效益越来越大时，生态 AAPFD 值也越来越大，则说明河道生态环境越差。因此，平水年优化调度下，宝鸡峡水库灌溉目标与生态目标之间为负相关关系，进一步凸显了两利益主体之间的竞争性与矛盾性。

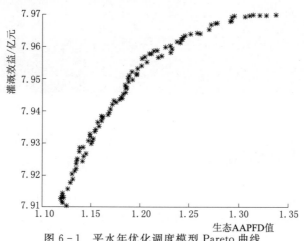

图 6-1 平水年优化调度模型 Pareto 曲线

为了进一步分析优化调度结果，在平水年的 100 组 Pareto 非劣解集中选取两种典型优化方案：方案一灌溉效益最大，方案二生态 AAPFD 值最小。当以追求灌溉效益最大为目标时，可以选择方案一，当以追求生态效益最大为目标时，可以选择方案二，具体见表 6-2。可以看出，从方案一到方案二，水库的灌溉效益降低了 0.753%，生态 AAPFD 值降低了 14.38%，同时，计算两个典型优化方案的发电效益，发电效益降低了 10.81%，可见，为保护河流生态环境，会导致灌溉效益与发电效益减少，进一步证实了生态目标与灌溉目标之间为竞争关系。

表 6-2 平水年典型优化方案

调度方案	灌溉		生态		发电	
	灌溉效益/亿元	变幅/%	生态 AAPFD 值	变幅/%	发电效益/亿元	变幅/%
方案一	7.970	0	1.314	0	0.148	0
方案二	7.910	−0.753	1.125	−14.38	0.132	−10.81

6.1.1.2 较枯水年（$P=75\%$）

75％较枯水年宝鸡峡水库灌溉效益与生态 AAPFD 值的 Pareto 非劣解集见表6-3。

序号	灌溉效益/亿元	生态 AAPFD 值	序号	灌溉效益/亿元	生态 AAPFD 值
1	7.883	1.680	96	7.850	1.331
2	7.903	2.059	97	7.908	2.244
3	7.845	1.323	98	7.846	1.323
4	7.894	1.811	99	7.876	1.743
5	7.901	2.042	100	7.874	1.477
⋮	⋮	⋮			

表 6-3 较枯水年优化调度模型 Pareto 非劣解集

由较枯水年优化调度模型的 Pareto 非劣解集可知，宝鸡峡水库灌溉效益的最小值为 7.845 亿元，最大值为 7.917 亿元；生态 AAPFD 值的最小值为 1.312，最大值为 2.310；较平水年灌溉效益的最大值减少了 0.053 亿元，较平水年生态 AAPFD 值的最小值增加了 0.187；表明天然来水量的多少对水库的效益发挥具有明显的影响。较枯水年优化调度模型 Pareto 曲线如图 6-2 所示。由图可知，宝鸡峡水库灌溉效益与生态 AAPFD 值之间呈现正相关关系，生态 AAPFD 值越大，则说明河道生态越差。因此，较枯水年优化调度下，宝鸡峡水库灌溉目标与生态目标为负相关关系。

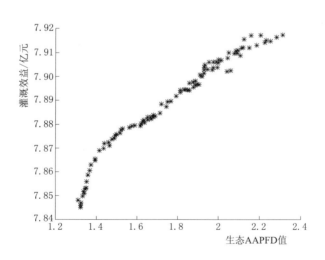

图 6-2 较枯水年优化调度模型 Pareto 曲线

为了进一步分析优化调度结果，在较枯水年的 100 组 Pareto 非劣解集中选取两种典型优化方案：方案一灌溉效益最大；方案二生态 AAPFD 值最小，具体见表 6-4。可以看出，从方案一到方案二，水库灌溉效益降低了 0.872％，生态 AAPFD 值降低了 43.20％，发电效益降低了 7.41％，灌溉效益与发电效益的变化幅度均小于生态 AAPFD 值的变化幅度。

表 6 - 4   较枯水年典型优化方案

调度方案	灌溉		生态		发电	
	灌溉效益 /亿元	变幅 /%	生态 AAPFD 值	变幅 /%	发电效益 /亿元	变幅 /%
方案一	7.917	0	2.310	0	0.135	0
方案二	7.848	−0.872	1.312	−43.20	0.125	−7.41

6.1.1.3 特枯水年（$P = 90\%$）

90%特枯水年宝鸡峡水库灌溉效益与生态 AAPFD 值的 Pareto 非劣解集见表6-5。

表 6 - 5   特枯水年优化调度模型 Pareto 非劣解集

序号	灌溉效益/亿元	生态 AAPFD 值	序号	灌溉效益/亿元	生态 AAPFD 值
1	7.869	2.771	96	7.865	2.760
2	7.867	2.659	97	7.855	2.354
3	7.806	1.898	98	7.854	2.275
4	7.868	2.800	99	7.863	2.543
5	7.860	2.360	100	7.854	2.276
⋮	⋮	⋮			

由特枯水年优化调度模型的 Pareto 非劣解集可知，宝鸡峡水库灌溉效益的最小值为 7.806 亿元，最大值为 7.869 亿元；生态 AAPFD 值的最小值为 1.898，最大值为 2.800；较平水年灌溉效益的最大值减少了 0.102 亿元，生态 AAPFD 值的最小值增加了 0.774；较较枯水年灌溉效益的最大值减少了 0.049 亿元，生态 AAPFD 值的最小值增加了 0.586；表明天然来水量越少，对水库的效益发挥影响越大。特枯水年优化调度模型 Pareto 曲线如图 6-3 所示。由图可知，宝鸡峡水库灌溉效益越大，生态效益越小。因此，特枯水年优化调度下，灌溉目标与生态目标依然为负相关关系。

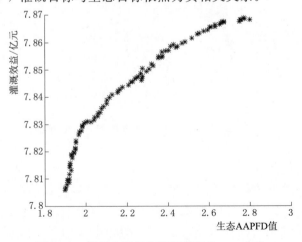

图 6-3 特枯水年优化调度模型 Pareto 曲线

为了进一步分析优化调度结果，在特枯水年的 100 组 Pareto 非劣解集中选取两种典型优化方案：方案一灌溉效益最大；方案二生态 AAPFD 值最小，具体见表 6-6。可以看出，从方案一到方案二，水库的灌溉效益降低了 0.788%，生态 AAPFD 值降低了 32.21%，发电效益降低了 5.06%，且灌溉效益与发电效益的变化幅度比生态 AAPFD 值得变化幅度小。

表 6-6　　　　　　　　　　　特枯水年典型优化方案

调度方案	灌溉		生态		发电	
	灌溉效益 /亿元	变幅 /%	生态 AAPFD 值	/变幅 （%）	发电效益 /亿元	变幅 /%
方案一	7.868	0	2.800	0	0.079	0
方案二	7.806	−0.788	1.898	−32.21	0.075	−5.06

总体来看，优化调度下，宝鸡峡水库各典型年的 Pareto 非劣解集虽然形态各不相同，但整体比较光滑连续；灌溉效益与生态效益均呈现明显的负相关关系，进一步凸显了两目标之间的竞争性与矛盾性；灌溉效益和生态效益的取值随着径流量的减少而减少，且灌溉效益与发电效益的变化幅度均小于生态 AAPFD 值的变化幅度，说明宝鸡峡水库生态目标对灌溉目标十分敏感，这也要求工作人员在实际调度中需综合考虑，权衡二者的利弊，实现灌溉与生态的均衡。

6.1.2　推荐优化调度方案

将上述不同典型年多利益主体 Pareto 解集作为多属性决策的备选方案集，其中平水年的方案集记为 $A = \{A_1, A_2, \cdots, A_{100}\}$，较枯水年的方案集记为 $B = \{B_1, B_2, \cdots, B_{100}\}$，特枯水年的方案集记为 $C = \{C_1, C_2, \cdots, C_{100}\}$，构建不同典型年各方案集的决策矩阵，结合所建立的四维属性决策空间 $D = \{\alpha, \gamma, \nu, MSI\}$，方案集 A、B、C 的四维评价指标统计结果见表 6-7，可以看出，受内部 100 个方案的影响，不同典型年各方案集的四维评价指标都不相同，均存在波动，需对方案集进行排序、淘汰与选择，以获取最终的优化调度方案。

表 6-7　　　　　　　　　　　各方案集四维评价指标统计表

方案集		四维指标空间 D			
		α	γ	ν	MSI
A	变化范围	[0.833, 0.996]	[0.143, 0.334]	[0.339, 0.917]	[20.432, 22.115]
	标准差	0.079	0.049	0.238	0.489
B	变化范围	[0.766, 0.833]	[0.167, 0.289]	[0.372, 0.933]	[47.562, 52.585]
	标准差	0.014	0.054	0.268	1.476
C	变化范围	[0.669, 0.711]	[0.214, 0.231]	[0.583, 0.980]	[51.189, 58.426]
	标准差	0.015	0.008	0.167	1.859

各方案集在四维指标空间中的有效方案个数见表 6-8。从表 6-8 中可以看出，当 $k=4$ 时，SEABODE 算法对各方案集进行第一轮排序选择后将优选范围分别缩小了：16%、29%、63%；当 $k=3$ 时，对上一轮优选出的方案再次排序选择，各方案集三阶有效方案的数量为 23、17、6，还需进行第三轮排序择优，直到得到最终的推荐优化调度方案。

表 6-8　　　　　　　　　各方案集四阶、三阶有效方案个数

方案集	{1-2-3-4}	{1-2-3}	{1-2-4}	{1-3-4}	{2-3-4}	三阶有效方案
A	84	52	29	67	46	23
B	71	34	27	63	19	17
C	37	6	30	13	15	6

平水年、较枯水年、特枯水年最终推荐的优化调度方案分别为 A_{29}、B_{44}、C_{74}，结果见表 6-9。其中，较枯水年的灌溉效益较平水年减少了 0.044 亿元，生态 AAPFD 值增加了 0.495，发电效益减少了 0.012 亿元；特枯水年的灌溉效益较平水年减少了 0.093 亿元，生态 AAPFD 值增加了 1.258，发电效益减少了 0.066 亿元，可以看出，随着径流量的减少，灌溉效益和发电效益均呈减少趋势，生态 AAPFD 值呈增加趋势，且径流量越小，生态 AAPFD 值的增加幅度越大，说明对于河道生态环境的影响尤其明显。

表 6-9　　　　　　　　　各方案集推荐优化调度方案

典型年	方案编号	灌溉效益/亿元	生态 AAPFD 值	发电效益/亿元
平水年	A_{29}	7.950	1.147	0.142
较枯水年	B_{44}	7.906	1.642	0.130
特枯水年	C_{74}	7.857	2.405	0.076

6.2　协调调度方案研究

宝鸡峡水库协调调度属于 MSCOR 问题，采用"MSIC-NSGA-Ⅱ-SEABODE"算法求解宝鸡峡水库多利益主体协调调度模型，获得不同典型年下［平水年（$P=50\%$）、较枯水年（$P=75\%$）、特枯水年（$P=90\%$）］水库的灌溉效益与生态 AAPFD 值的 Pareto 非劣解集，对比分析不同典型年 Pareto 非劣解集中的典型协调方案：最大灌溉效益方案和最大生态效益（最小生态 AAPFD 值）方案，将不同典型年多利益主体 Pareto 解集作为多属性决策的备选方案集，构建四维评价指标体系，对各典型年的方案集进行排序、淘汰与选择，最终得到不同典型年的协调调度方案。

6.2.1　典型年协调调度结果

6.2.1.1　平水年（$P=50\%$）

平水年宝鸡峡水库灌溉效益与生态 AAPFD 值的 Pareto 非劣解集见表 6-10。

表 6 – 10 平水年协调调度模型 Pareto 非劣解集

序号	灌溉效益/亿元	生态 AAPFD 值	序号	灌溉效益/亿元	生态 AAPFD 值
1	7.956	1.068	96	7.920	0.850
2	7.945	1.003	97	7.949	1.041
3	7.937	0.925	98	7.914	0.817
4	7.941	0.944	99	7.953	1.055
5	7.940	0.930	100	7.926	0.861
……	……	……			

由平水年协调调度模型的 Pareto 非劣解集可知，宝鸡峡水库灌溉效益的最小值为 7.901 亿元，最大值为 7.957 亿元；生态 AAPFD 值的最小值为 0.800，最大值为 1.098。平水年协调调度模型 Pareto 曲线如图所示。由图可知，平水年协调调度下，宝鸡峡水库灌溉效益与生态 AAPFD 值呈正相关关系，由于生态 AAPFD 值越小越好，因此，平水年协调调度下，宝鸡峡水库灌溉效益与生态效益为负相关关系，当灌溉与生态中的任一目标增大时，另一个目标将会随之减小，反之亦然。

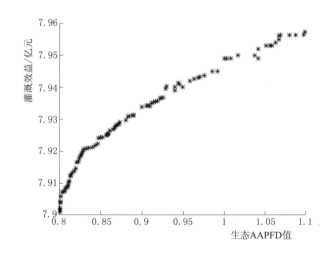

图 6 – 4　平水年协调调度模型 Pareto 曲线

为了进一步分析协调调度结果，在平水年的 100 组非劣解集中选取两种典型协调方案：方案一灌溉效益最大，方案二生态 AAPFD 值最小。当以追求灌溉效益最大为目标时，可以选择方案一，当以追求生态效益最大为目标时，可以选择方案二，具体见表 6 – 11。可以看出，从方案一到方案二，水库的灌溉效益降低了 0.704%，生态 AAPFD 值降低了 25.02%，同时，计算两个典型协调方案的发电效益，发电效益降低了 9.09%。将平水年协调调度模型的两个典型协调方案与优化调度模型的两个典型优化方案进行对比分析可知，灌溉效益与发电效益均呈减小趋势，生态 AAPFD 值均呈减小趋势，也就是说，生态环境有变好趋势。

表 6 - 11　　　　　　　　　　　平水年协典型协调方案

调度方案	灌　溉		生　态		发　电	
	灌溉效益 /亿元	变幅 /%	生态 AAPFD 值	变幅 /%	发电效益 /亿元	变幅 /%
方案一	7.957	0	1.067	0	0.143	0
方案二	7.901	−0.704	0.800	−25.02	0.13	−9.09

6.2.1.2　较枯水年（$P=75\%$）

较枯水年宝鸡峡水库灌溉效益与生态 AAPFD 值的 Pareto 非劣解集见表6−12。

表 6 - 12　　　　　　　较枯水年协调调度模型 Pareto 非劣解集

序号	灌溉效益/亿元	生态 AAPFD 值	序号	灌溉效益/亿元	生态 AAPFD 值
1	7.863	1.789	96	7.850	1.290
2	7.836	1.058	97	7.866	1.729
3	7.842	1.105	98	7.889	1.779
4	7.873	1.447	99	7.884	1.630
5	7.870	1.440	100	7.856	1.294
⋮	⋮	⋮	⋮	⋮	⋮

由较枯水年协调调度模型的 Pareto 非劣解集可知，宝鸡峡水库灌溉效益的最小值为 7.835 亿元，最大值为 7.903 亿元；生态 AAPFD 值的最小值为 1.058，最大值为 2.103；较平水年灌溉效益的最大值减少了 0.054 亿元，较平水年生态 AAPFD 值的最小值增加了 0.258；表明天然来水量的多少对水库的效益发挥具有明显的影响。较枯水年协调调度模型 Pareto 曲线如图 6−5 所示。由图可知，较枯水年协调调度下，宝鸡峡水库灌溉效益与生态 AAPFD 值的相关性与优化调度一致，均为负相关关系。

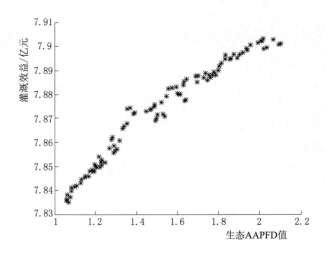

图 6 - 5　较枯水年协调调度模型 Pareto 曲线

为了进一步分析协调调度结果，在较枯水年的 100 组非劣解集中选取两种典型协调方案：方案一灌溉效益最大，方案二生态 AAPFD 值最小，见表 6-13。可以看出，从方案一到方案二，水库的灌溉效益降低了 0.848%，生态 AAPFD 值降低了 48.84%，发电效益降低了 2.33%；将较枯水年的典型协调方案与典型优化方案进行对比分析，可以看出，灌溉效益与发电效益均呈减小趋势，生态 AAPFD 值均呈减小趋势，也就是说，生态环境有变好趋势；将较枯水年典型协调方案一与典型优化方案一进行对比分析可知，生态 AAPFD 值降低了 10.48%，将典型协调方案二与典型优化方案二进行对比分析可知，生态 AAPFD 值降低了 19.36%。

表 6-13　　　　　　　　　　较枯水年典型协调方案

调度方案	灌　溉		生　态		发　电	
	灌溉效益/亿元	变幅/%	生态 AAPFD 值	变幅/%	发电效益/亿元	变幅/%
方案一	7.903	0	2.068	0	0.129	0
方案二	7.836	−0.848	1.058	−48.84	0.126	−2.33

6.2.1.3　特枯水年（$P=90\%$）

特枯水年宝鸡峡水库灌溉效益与生态 AAPFD 值的 Pareto 非劣解集见表 6-14。

表 6-14　　　　　　　　特枯水年协调调度模型 Pareto 非劣解集

序号	灌溉效益/亿元	生态 AAPFD 值	序号	灌溉效益/亿元	生态 AAPFD 值
1	7.752	1.512	96	7.790	1.752
2	7.819	2.223	97	7.774	1.595
3	7.752	1.519	98	7.774	1.573
4	7.829	2.568	99	7.781	1.672
5	7.820	2.400	100	7.794	1.783
⋮	⋮	⋮			

由特枯水年协调调度模型的 Pareto 非劣解集可知，宝鸡峡水库灌溉效益最小值为 7.752 亿元，最大值为 7.831 亿元；生态 AAPFD 值的最小值为 1.512，最大值为 2.568；较平水年灌溉效益的最大值减少了 0.126 亿元，生态 AAPFD 值的最小值增加了 0.712；较较枯水年灌溉效益的最大值减少了 0.072 亿元，生态 AAPFD 值的最小值增加了 0.454；表明天然来水量越少，对水库的效益发挥影响越大。特枯水年协调调度模型 Pareto 曲线如图 6-6 所示。由图 6-6 可知，特枯水年协调调度下，宝鸡峡水库灌溉效益与生态 AAPFD 值之间依然为竞争关系。

为了进一步分析协调调度结果，在特枯水年的 100 组非劣解集中选取两种典型协调方案：方案一灌溉效益最大，方案二生态 AAPFD 值最小，见表 6-15。可以看出，从方案一到方案二，水库的灌溉效益降低了 1.009%，生态 AAPFD 值降低了 41.12%，发电效益增加了 2.86%；将特枯水年的典型协调方案与典型优化方案进行对比分析，可以看出，灌溉效益与发电效益均呈减小趋势，生态 AAPFD 值也均呈减小趋势，也就是说，生态环

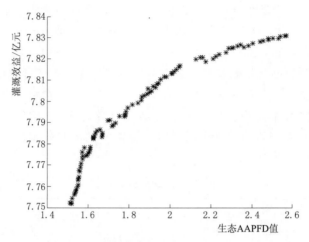

图 6-6　特枯水年协调调度模型 Pareto 曲线

境有变好趋势；将特枯水年典型协调方案一与典型优化方案一进行对比分析可知，生态 AAPFD 值降低了 8.28%，将典型协调方案二与典型优化方案二进行对比分析可知，生态 AAPFD 值降低了 20.34%。

表 6-15　　　　　　　　　　　　　　　特枯水年典型协调方案

调度方案	灌　溉		生　态		发　电	
	灌溉效益 /亿元	变幅 /%	生态 AAPFD 值	变幅 /%	发电效益 /亿元	变幅 /%
方案一	7.831	0	2.568	0	0.07	0
方案二	7.752	−1.009	1.512	−41.12	0.072	2.86

总体来看，协调调度下，不同典型年的灌溉效益与生态效益均呈现明显的负相关关系；按照平水年、较枯水年和特枯水年的顺序，灌溉效益逐渐减少，生态 AAPFD 值逐渐增大，河道生态环境变差；各典型年的典型协调方案中，灌溉效益与发电效益的变化幅度均小于生态 AAPFD 值的变化幅度；此外，将不同典型年的典型协调方案与典型优化方案进行对比分析，可以看出，灌溉效益与发电效益均呈减小趋势，生态 AAPFD 值也均呈减小趋势，也就是说，生态环境有变好趋势。

6.2.2　推荐协调调度方案

将上述不同典型年多利益主体 Pareto 解集作为多属性决策的备选方案集，其中平水年的方案集记为 $D = \{D_1, D_2, \cdots, D_{100}\}$，较枯水年的方案集记为 $E = \{E_1, E_2, \cdots, E_{100}\}$，特枯水年的方案集记为 $F = \{F_1, F_2, \cdots, F_{100}\}$，构建不同典型年各方案集的决策矩阵，结合所建立的四维属性决策空间 $D = \{\alpha, \gamma, \nu, MSI\}$，对方案集 D、E、F 的四维评价指标统计结果见表 6-16，同样需对方案集进行排序、淘汰与选择，以获取最终推荐的协调调度方案。

表 6-16 各方案集四维评价指标统计表

方案集		四维指标空间 D			
		α	γ	ν	MSI
D	变化范围	[0.878, 0.986]	[0.250, 0.429]	[0.395, 0.741]	[9.917, 11.195]
	标准差	0.016	0.088	0.146	0.253
E	变化范围	[0.617, 0.772]	[0.151, 0.398]	[0.667, 0.998]	[27.205, 33.788]
	标准差	0.037	0.107	0.165	1.518
F	变化范围	[0.614, 0.674]	[0.167, 0.286]	[0.767, 0.999]	[38.652, 44.668]
	标准差	0.037	0.037	0.108	1.324

各方案集在四阶、三阶有效方案个数见表 6-17。当 $k=4$ 时，对各方案集进行第一轮排序选择后将优选范围缩小了 6%、92%、94%；当 $k=3$ 时，对上一轮优选出的方案再次排序选择，各方案集三阶有效方案的个数为 25、2、2，还需进行第三轮排序择优，直到得到最终推荐的协调调度方案。

表 6-17 各方案集四阶、三阶有效方案个数

方案集	{1-2-3-4}	{1-2-3}	{1-2-4}	{1-3-4}	{2-3-4}	三阶有效方案
D	34	30	28	29	30	25
E	8	6	5	7	4	2
F	6	3	5	4	2	2

平水年、较枯水年、特枯水年最终推荐的协调方案分别为 D_{70}、E_{16}、F_{11}，结果见由表 6-18。其中，较枯水年的灌溉效益较平水年减少了 0.057 亿元，生态 AAPFD 值增加了 0.210，发电效益减少了 0.013 亿元；特枯水年的灌溉效益较平水年减少了 0.150 亿元，生态 AAPFD 值增加了 0.556，发电效益减少了 0.068 亿元，可以看出，随着径流量的减少，灌溉效益和发电效益均呈减少趋势，生态 AAPFD 值呈增加趋势；然而，将各典型年的推荐协调调度方案与推荐优化调度方案相比，河道生态环境有变好的趋势。

表 6-18 各方案集推荐协调调度方案

典型年	方案编号	灌溉效益/亿元	生态 AAPFD 值	发电效益/亿元
平水年	D_{70}	7.919	0.963	0.140
较枯水年	E_{16}	7.862	1.173	0.127
特枯水年	F_{11}	7.769	1.519	0.072

6.3 推荐方案对比分析

为了验证协调调度的有效性，将宝鸡峡水库推荐的协调调度方案与优化调度方案进行对比分析，见表 6-19。可以看出，两种调度方法下，灌溉效益和生态效益均随着径流量

的减少而降低，灌溉效益与生态效益之间存在明显的竞争关系。协调调度的灌溉效益均小于优化调度，平水年、较枯年和特枯水年分别降低了 0.031 亿元、0.044 亿元、0.088 亿元。协调调度的生态 AAPFD 值均小于优化调度，平水年、较枯年和特枯水年分别降低了0.184、0.469、0.886。也就是说，协调调度的河流生态环境优于优化调度，而且随着径流量的减少，两者之间的差异越来越大，也就是说，协调调度对于平衡各利益主体的作用更加明显。

表 6-19　　　　　　　　各典型年推荐协调调度方案与优化调度方案

方　案	平水年		较枯水年		特枯水年	
	灌溉效益/亿元	生态AAPFD值	灌溉效益/亿元	生态AAPFD值	灌溉效益/亿元	生态AAPFD值
优化调度方案	7.950	1.147	7.906	1.642	7.857	2.405
协调调度方案	7.919	0.963	7.862	1.173	7.769	1.519

分析协调调度与优化调度各典型年生态供水过程与灌溉供水过程。各典型年的生态供水过程如图 6-7～图 6-9 所示。适宜生态基流满足程度主要考虑满足适宜生态基流的总旬数，最低生态基流满足程度主要考虑满足最低生态基流的总旬数。

图 6-7 为宝鸡峡水库平水年逐旬生态供水过程，可以看出，汛期时，除了 7 月下旬和 8 月上旬，协调调度和优化调度都能满足适宜生态基流，但协调调度在 7 月下旬和 8 月上旬能够满足最低生态基流；优化调度在 7 月下旬和 8 月上旬不能满足最低生态基流，这种情况是因为 7 月下旬和 8 月上旬的灌溉需水量较大，因而导致生态供水量较少。非汛期时，协调调度均能满足最低生态基流，在 11 月上旬、1 月上旬至 5 月下旬、6 月下旬还可以满足适宜生态基流；优化调度在 2 月下旬、3 月上中旬和 6 月能够满足最低生态基流，11 月上旬、1 月上旬至 2 月中旬、3 月下旬至 5 月下旬能满足适宜生态基流，而在 11 月中旬到 12 月下旬则完全无法提供生态基流。因此，协调调度的最低生态基流和适宜生态基流满足程度均高于优化调度，协调调度达到了满足最低生态基流的要求。

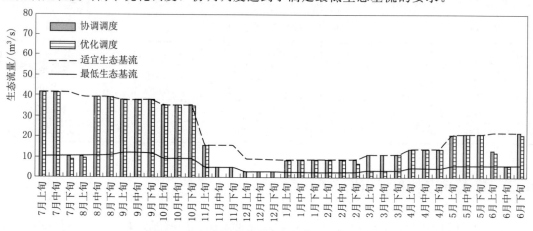

图 6-7　宝鸡峡水库平水年逐旬生态供水过程

图 6-8 为宝鸡峡水库较枯水年逐旬生态供水过程。可以看出，汛期时，协调调度和优化调度除 7 月上中旬外均能满足适宜生态基流，协调调度在 7 月上中旬可以满足最低生态基流，但优化调度在 7 月上中旬无法满足最低生态基流。非汛期时，协调调度在 11 月上旬、1 月上旬至 2 月上旬、5 月上旬和 6 月能够满足适宜生态基流，其余时段均能够满足最低生态基流；传统优化调度在 11 月上旬、1 月和 5 月上旬能够满足适宜生态基流，4 月上旬、5 月中下旬、6 月能够满足最低生态基流，剩余时段均无法满足最低生态基流。因此，协调调度的最低生态基流满足程度更好，达到了满足最低生态基流的要求。

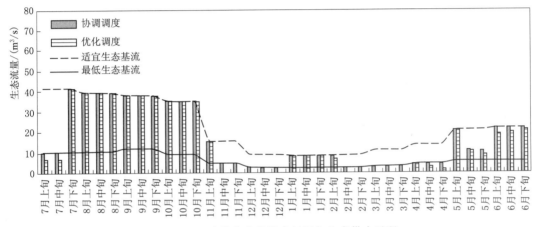

图 6-8　宝鸡峡水库较枯水年逐旬生态供水过程

图 6-9 为宝鸡峡水库特枯水年逐旬生态供水过程。可以看出，汛期时，协调调度与优化调度仅在 8 月中下旬和 9 月下旬能够满足适宜生态基流，剩余时段，协调调度能够满足最低生态基流，而优化调度仅在 9 月上中旬和 10 月能满足最低生态基流。非汛期时，协调调度在 11 月上旬、1 月、2 月上旬、5 月中下旬和 6 月下旬可以满足适宜生态基流，其余时段能满足最低生态基流；优化调度在 11 月上旬、1 月、2 月上旬和 6 月下旬能满足适宜生态基流，5 月中下旬能够满足最低生态基流，其余时段均无法满足最小生态基流。因此，协调调度的最低生态基流保障程度更好，达到了满足最低生态基流的要求。

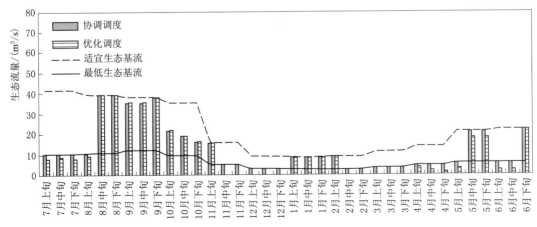

图 6-9　宝鸡峡水库特枯水年逐旬生态供水过程

对比分析图6-7～图6-9，可以看出，不同典型年汛期最低生态基流和适宜生态基流均大于非汛期，汛期生态基流的满足程度旬数也高于非汛期，因为，汛期来水量大，提供的生态供水量也大。随着平水年、枯水年和特枯水年来水量的减少，协调调度和优化调度的生态供水流量逐渐减少，生态基流满足旬数逐渐降低，协调调度各典型年均能够满足最低生态基流，而适宜生态基流的满足旬数逐渐降低；优化调度各典型年最低生态基流和适宜生态基流满足旬数均有所减少。总的来看，相比优化调度，协调调度符合满足最低生态基流，争取适宜生态基流的要求，能够保证河道基本生态需水的要求。

宝鸡峡水库协调调度与优化调度各典型年灌溉供水过程如图6-10～图6-12所示。适宜灌溉需水的满足程度主要考虑能满足适宜灌溉需水的总旬数，最低灌溉需水满足程度主要考虑能满足最低灌溉需水的总旬数。

图6-10为宝鸡峡水库平水年逐旬灌溉供水过程。可以看出，协调调度与优化调度均能满足最低灌溉需水；两者在7月上中旬、8月中旬、2月中下旬和3月均能满足适宜灌溉需水。两者相比，优化调度的总灌溉效益大于协调调度，但两者适宜灌溉需水和最低灌溉需水的满足程度和满足时段均一致，而且协调调度的最低生态基流和适宜生态基流满足程度均高于优化调度。因此，协调调度能够均衡兼顾不同利益主体诉求，实现灌溉效益与生态效益的均衡。

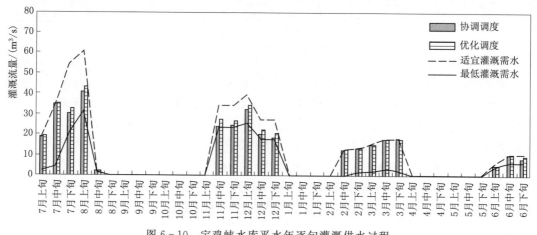

图6-10 宝鸡峡水库平水年逐旬灌溉供水过程

图6-11为宝鸡峡水库较枯水年逐旬灌溉供水过程。可以看出，协调调度在7月下旬、8月上中旬和6月可以满足适宜灌溉需水，在7月上中旬、11月中下旬能够满足最低灌溉需水；优化调度在7月上下旬、8月上中旬和6月能够满足适宜灌溉需水，在7月中旬和11月中下旬能够满足最低灌溉需水。两者相比，优化调度的总灌溉效益大于协调调度，适宜灌溉需水的满足程度也大于协调调度，但优化调度在7月上旬满足适宜灌溉需水时，协调调度在7月上旬能够满足最低灌溉需水，在7月中旬优化调度只能满足最低灌溉需水的时段，协调调度也能满足最低灌溉需水，两者最低灌溉需水满足程度一致。因此，协调调度达到了满足最低灌溉需水的要求，而且协调调度最低生态基流满足程度高于优化调度，达到了满足最低生态基流的要求，实现灌溉效益与生态效益的均衡。

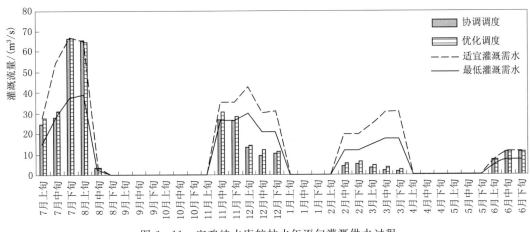

图 6-11　宝鸡峡水库较枯水年逐旬灌溉供水过程

　　图 6-12 为宝鸡峡水库特枯水年逐旬灌溉供水过程。可以看出，协调调度在 8 月中旬、5 月下旬和 6 月下旬能满足适宜灌溉需水，在 7 月、5 月中旬、6 月上中旬能满足最低灌溉需水；优化调度在 7 月上旬、8 月中旬、5 月下旬和 6 月下旬能够满足适宜灌溉需水，在 7 月中旬至 8 月上旬、5 月中旬和 6 月上中旬能满足最低灌溉需水。两者相比，优化调度的基本灌溉需水和适宜灌溉需水满足程度均高于协调调度，但在 7 月上旬，优化调度能够满足适宜灌溉需水时，协调调度可以满足最低灌溉需水；仅在 8 月上旬，优化调度满足最低灌溉需水时，协调调度不能满足最低灌溉需水，但协调调度也非常接近最低灌溉需水。因此，除 8 月上旬外，优化调度能满足基本和适宜灌溉需水的时段，协调调度也满足了最低灌溉需水，协调调度基本达到了满足最低灌溉需水的要求，而且协调调度的最低生态基流保障程度高于优化调度，达到了满足最低生态基流的要求，基本实现了灌溉效益与生态效益的均衡。

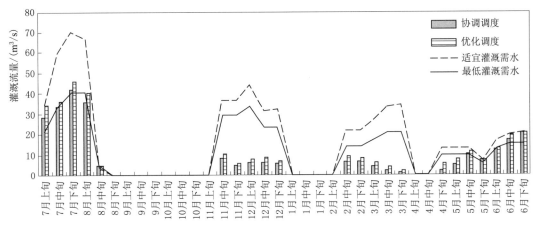

图 6-12　宝鸡峡水库特枯水年逐旬灌溉供水过程

　　综上所述，对于灌溉而言，不同典型年优化调度的灌溉用水满足度略占优势，但两种调度方法的最低灌溉需水满足程度基本相同。对于生态而言，协调调度可满足各典型年的最低生态基流，而优化调度则不能完全满足，且随着径流量的减少，协调调度对于平衡各利益主体的效果更加明显。因此，宝鸡峡水库协调调度能够在保障灌溉和生态基本区间需水的前提下，协调两者竞争用水的问题，证实了本书所提水库多利益主体协调调度方法的可行性和合理性。

6.4　本章小结

本章首先将宝鸡峡水库的优化调度方案与协调调度方案进行对比，分析了两种调度方法下各典型年 Pareto 非劣解集中的典型方案：最大灌溉效益方案和最大生态效益（最小生态 AAPFD 值）方案；其次，将不同典型年多利益主体 Pareto 解集作为多属性决策的备选方案集，构建四维评价指标体系，对各典型年的方案集进行排序、淘汰与选择，最终得到各典型年的推荐调度方案；最后，对两种调度方法的推荐调度方案进行对比分析，验证了协调调度方法的合理性和适用性。主要结论如下：

（1）宝鸡峡水库灌溉效益与生态效益均呈现明显的反比关系，进一步凸显了两目标之间的竞争性与矛盾性；灌溉效益和生态效益的取值随着径流量的减少而减少，灌溉效益与发电效益的变化幅度均小于生态 AAPFD 值的变化幅度，说明宝鸡峡水库生态目标对灌溉目标十分敏感，这也要求工作人员在实际调度中需综合考虑，权衡两者的利弊，实现灌溉与生态的均衡。

（2）各典型年推荐优化调度方案分别为 A_{29}、B_{44}、C_{74}，推荐协调方案分别为 D_{70}、E_{16}、F_{11}；协调调度的灌溉效益均小于优化调度，平水年、较枯年和特枯水年分别降低了 0.031 亿元、0.044 亿元、0.088 亿元；协调调度的生态 AAPFD 值均小于优化调度，平水年、较枯年和特枯水年分别降低了 0.184、0.469、0.886；协调调度的河流生态环境优于优化调度；随着径流量的减少，两者之间的差异越来越大，也就是说，协调调度对于平衡各利益主体的作用更加明显。

（3）分析协调调度与优化调度各典型年生态供水过程与灌溉供水过程，对于灌溉而言，不同典型年优化调度的灌溉用水满足度略占优势，但两种调度方法的最低灌溉需水满足程度基本相同；对于生态而言，协调调度可满足各典型年的最低生态基流，而优化调度则不能完全满足；宝鸡峡水库多利益主体协调调度可以有效协调各利益主体间的利益均衡，为水库多利益主体调度提供了理论与技术支撑。

7 结论与展望

7.1 结论

本书针对强竞争条件下水利工程生态调度，紧扣三个根本问题：针对"生态效应根源不明"的问题，通过生态效应理论分析，提出水利工程三级生态效应，构建可量化的水利工程三级生态效应评价指标体系；针对"生态流量底线不清"的问题，提出可变区间分析法确定河道生态流量的计算方法，基于成本效益理论，采用层次化用水分析方法确定其他利益主体不同层级用水需求；针对"生态调度方法不灵"的问题，提出了面向生态的水利工程协调调度方法，并与传统优化调度方法进行对比分析，对典型水利工程协调调度方案进行研究，将气象水文、资源环境、水利工程、计算机技术、管理技术等多学科交叉，为推进流域生态保护与高质量发展提供理论参考与技术支撑。主要工作如下：

（1）构建了可量化的水利工程生态效应评价指标体系。以维护生态底线为目的，从水文、水质、水生态的角度提出了水利工程三级生态效应，建立了一套基于水文情势改变而引发的水利工程三级生态效应评价指标体系，对陕西省渭河流域大型水利工程生态效应进行评价，自然生态效应评价结果表明：自然条件对流域整体生态效应呈现弱影响关系，人类活动干扰和社会经济发展是流域水资源、水环境、水生态发生变化的主要原因。水利工程一级生态效应评价结果表明：水利工程上游支流站点受人类活动干扰少，各项指标变化不大，基本与自然状态接近。干流站点受到上游工程调蓄作用，各项指标均有显著改变。二级生态效应评价结果显示：渭河干流水质从上游到下游逐渐变差，支流没有修建水利工程的河段水质优于其他河段，支流水质略好于干流。2001—2011 年，渭河干流水质整体有所改善，主要污染物浓度有下降趋势。三级生态效应评价结果显示：流域上游鱼类完整性高于下游，干流高于支流，大型底栖动物物种丰富度在中游达到最大，下游降到最低，流域内鱼类完整性和物种丰富度整体较低。整体来说，水利工程建设运行是流域水文情势发生改变的根本原因，一级生态效应作为水利工程生态效应最直接的反映形式，是所有二级、三级生态效应的驱动力。

（2）提出了可变区间分析法确定河道生态流量。从可操作、可管理的角度对生态流量进行了重新定义，综合考虑时空变化、来水变化、服务对象变化、计算方法变化等多种可变因素，在维持河道不断流的基础上对河湖生态系统功能进行改善和修复，在生态基流相对固定的基础上（固定区间）增加一个可变的提升量来确定生态流量。提升量是一个可变区间，由此得到的生态流量也是一个可变区间。不同时空尺度、不同水文条件、不同服务对象、不同计算方法及参数下，生态流量有所差异，符合生态流量动态变化的特征。以渭河干流为例，采用可变区间分析法确定了林家村、魏家堡、咸阳、临潼和华县 5 个重点断面的生态流量下限分别为 $6.0\,\mathrm{m^3/s}$、$7.0\,\mathrm{m^3/s}$、$9.0\,\mathrm{m^3/s}$、$18.0\,\mathrm{m^3/s}$ 和 $20.4\,\mathrm{m^3/s}$，生态流量上限分别为 $21.8\,\mathrm{m^3/s}$、$24.2\,\mathrm{m^3/s}$、$38.2\,\mathrm{m^3/s}$、$66.4\,\mathrm{m^3/s}$ 和 $53.7\,\mathrm{m^3/s}$；将生态流量计算结果与近 10 年的实测径流量进行对比分析，林家村断面生态流量保障程度最低，亟须开展重点水库生态调度，调整水库运行规则，实现渭河流域经济社会与生态环境的协调发展。

（3）强竞争条件下层次化用水分析。基于成本效益理论，提出了层次化用水的内涵，从用水量、成本、效益三者之间的关系入手，考虑到用水过程的不同阶段成本与效益间的敏感程度不同，将用户需求划分为三个层级：最低需水量、适宜需水量和最大需水量，对各类用户进行了需水级别划分，确定了不同层级用户用水的优先级关系，为保障河道生态流量，协调地区间、部门间各利益主体竞争性用水的局面提供了边界条件。以陕西省渭河流域九大灌区为例，分析了灌区内作物种类和灌溉制度，确定了灌区不同作物关键生长期的灌溉需水过程，得到九大灌区 2020 年农业灌溉适宜需水量和最低需水量，50%、75%、90%典型年适宜灌溉需水量分别为 21.13 亿 $\mathrm{m^3}$、29.02 亿 $\mathrm{m^3}$、32.60 亿 $\mathrm{m^3}$；最低灌溉需水量分别为 11.17 亿 $\mathrm{m^3}$、13.34 亿 $\mathrm{m^3}$、15.78 亿 $\mathrm{m^3}$。九大灌区目前均属于非充分灌溉，尚不能满足作物生长发育全过程的水量需求，实际灌溉需水已经接近最低用水水平。针对宝鸡峡灌区需水、河道生态流量、发电引水三者之间的竞争关系，提出满足各类用户不同级别水量需求的优先顺序：第一级，生态流量下限＞最低灌溉需水；第二级，适宜灌溉需水＞生态流量上限，发电引水与灌溉用水相结合，不单独考虑其优先顺序。

（4）提出并构建了水利工程服务于生态的协调调度理论与模型。提出了区间化协调理念，即基本区：保证基本利益，必须予以满足；博弈区：可获得更多的利益，尽力争取满足；应急区：预留的应急水量，贡献者需要补偿。建立了水库多利益主体区间化协调机制，在水源端，通过库容分区运用，制定供水优先序和供水限制线，在用户端，采用层次化用水分析方法确定各利益主体的基本区间和博弈区间，优先保证基本区间需水，在博弈区内寻找可行方案集，在方案集中寻得最终协调调度方案。将水库多利益主体优化调度（MSOOR）方法与水库多利益主体协调调度（MSCOR）方法进行对比分析，构建了多利益主体优化调度模型和协调调度模型及其求解算法。选取了四个评价指标构建调度性能四维评价指标体系量化供水不足的损失程度，包括可靠性（α）、可恢复性（γ）、缺水深度（ν）和缺水指数（MSI）；可靠性（α）和可恢复性（γ）为最大化类型指标，其值越大越好；缺水深度（ν）和缺水指数（MSI）为最小化类型指标，其值越小越好，为典型水利工程协调调度与优化调度对比分析提供理论支撑。

（5）协调调度方案与优化调度方案对比分析。分析了两种调度方法下各典型年 Pareto 非劣解集中的典型方案：最大灌溉效益方案和最大生态效益（最小生态 AAPFD 值）方案；将不同典型年多利益主体 Pareto 解集作为多属性决策的备选方案集，构建了四维评价指标体系，对各典型年的方案集进行优选，得到了各典型年的推荐调度方案；对比两种调度方法的推荐调度方案，验证了协调调度方法的合理性和可行性。主要结论如下：宝鸡峡水库灌溉效益与生态效益呈现明显的竞争关系；随着径流量的减小，灌溉效益与发电效益的变化幅度均小于生态 AAPFD 值的变化幅度，说明宝鸡峡水库生态目标对灌溉目标十分敏感；各典型年推荐优化调度方案分别为 A_{29}、B_{44}、C_{74}，推荐协调方案分别为 D_{70}、E_{16}、F_{11}；各典型年协调调度的灌溉效益和生态 AAPFD 值均小于优化调度，从平水年到特枯水年灌溉效益分别降低了 0.031 亿元、0.044 亿元、0.088 亿元；生态 AAPFD 值分别降低了 0.184、0.469、0.886；随着径流量的减少，两者之间的差异越来越大，也就是说，协调调度对于平衡各利益主体的作用更加明显。分析各典型年生态供水过程与灌溉供水过程，对于灌溉而言，不同典型年优化调度的灌溉用水满足度略占优势，但两种调度方法的最低灌溉需水满足程度基本相同；对于生态而言，协调调度可满足各典型年的最低生态基流，而优化调度则不能完全满足。

7.2 展望

本书综合生态效应、生态调度、需水预测等理论、方法和技术，开展面向生态的水利工程协调调度研究与应用，重点提出强竞争条件下水利工程服务于生态的协调调度模式，以"基本区必须满足、博弈区协调均衡、应急区贡献补偿"为核心，建立水利工程多利益主体区间化协调机制，将利益主体信息、水利工程信息、调度模型、决策过程相互关联、反馈修正，并与传统的优化调度模式进行对比分析，体现协调调度模式的合理性和适应性。总体来看，本书的研究工作能够让各利益主体的利益在协调中落实，具有重要的科学意义和应用价值。然而，水利工程生态调度是一个涉及多学科、关系复杂的系统工程问题，由于问题的复杂性，仍然存在很多不足之处，还需加大研究和创新力度，针对人类活动以及自然环境变化前后的生态环境监测和分析评价工作，建立有效的监督和管理体系，有助于评价工作的顺利开展；构建生态流量动态模拟与过程管控系统，增强系统的适应性和可操作性，提高决策服务质量；开展水库群多利益主体协调调度研究，以充分发挥水库群的生态服务潜力等，这些内容将会成为今后一段时间研究的热点和难点，若能取得突破性进展，将为解决水利工程生态调度关键问题提供强有力的理论基础和技术支撑。

参 考 文 献

[1] 任立良，沈鸿仁，袁飞，等．变化环境下渭河流域水文干旱演变特征剖析 [J]．水科学进展，2016，27 (4)：492－500.

[2] 姚维科，崔保山，刘杰，等．大坝的生态效应：概念、研究热点及展望 [J]．生态学杂志，2006，25 (4)：428－434.

[3] 李建熹．浅析水利工程对生态效应的影响 [J]．宁夏农林科技，2011，52 (5)：51－52.

[4] 中国大百科全书编写组．百科知识 [M]．北京：中国大百科全书出版社，2005.

[5] 孙宗凤，董增川．水利工程生态效应分析 [J]．水利水电技术，2004，35 (4)：5－8.

[6] 毛战坡，彭文启，周怀东．大坝的河流生态效应及对策研究 [J]．中国水利，2004，(15)：43－45.

[7] 侯锐，陈静．国内水利水电工程生态效应评价研究进展 [J]．水利科技与经济，2006，12 (4)：214－215.

[8] 曹花婷．水利工程的生态效应评价 [J]．生命科学与农业科学，2013 (1)：195－196.

[9] 尚淑丽，顾正华，曹晓萌．水利工程生态环境效应研究综述 [J]．水利水电科技进展，2014，34 (1)：14－19.

[10] 魏军．水利工程生态环境效应研究综述 [J]．内蒙古水利，2017 (9)：48－49.

[11] 薛丽敏，汤磊，郑凯．水利工程生态环境效应研究综述 [J]．居舍，2019 (35)：173.

[12] 饶良懿，高磊，彭芳．水土保持生态效应评价：内涵、尺度与方法 [J]．环境生态学，2020，2 (6)：19－26.

[13] 崔保山，刘康，宋国香，等．生态水利研究的理论基础与重点领域 [J]．环境科学学报，2022，42 (1)：10－18.

[14] 相震，吴向培，王连军，等．直岗拉卡水电站工程生态环境的影响分析 [J]．自然资源学报，2004，19 (15)：646－650.

[15] 房春生，王菊，李玮峰，等．水利工程生态价值评价指标体系研究 [J]．环境科学动态，2002 (1)：5－10.

[16] 郭乔羽，李春晖，崔宝山．拉西瓦水电站工程对区域生态影响分析 [J]．自然资源学报，2003，18 (1)：50－57.

[17] 蔡旭东．水利工程生态效应的区域响应评价体系 [J]．中国水利，2007 (12)：16－19.

[18] 常本春，耿雷华，刘翠善，等．水利水电工程的生态效应评价指标体系 [J]．水利水电科技进展，2006，26 (6)：11－15.

[19] 侯锐．水电工程生态效应评价研究 [D]．南京：南京水利科学研究院，2006.

[20] 姜翠玲，王俊．我国生态水利研究进展 [J]．水利水电科技进展，2015，35 (5)：168－175.

[21] 杨肃昌，刘巍文．基于价值当量对水电开发影响生态系统服务价值的评价——以甘南九甸峡工程为例 [J]．中南大学学报（社会科学版），2018，24 (1)：78－85.

[22] 柯奇画，张科利，陈月红，等．西南岩溶区水土保持生态效应指标体系与定量评价 [J]．水土保持研究，2019，26 (1)：148－154.

[23] 刘斌，赵雅莉，白洁，等．塔里木河下游流域输水工程生态效应评价研究 [J]．地理空间信息，2020，18 (3)：112－117，122.

[24] 大自然保护协会．河流生态流与适应性管理文集．

［25］ LeRoy Poff N，Stromberg J C. The natural flow regime ［J］. Bioscience，1997，47（2）：769 – 784.

［26］ Cushman RM. Review of ecological effects of rapidly varying flows downstream from hydroelectric facilities ［J］. North American Journal of Fisheries Management，1985（5）：330 – 339.

［27］ Petts GE. Impounded rivers：perspectives for ecological management ［M］. New York：John Wiley & Sons，1984.

［28］ Kingsolving AD，Bain MB. Fish assemblage recovery along a riverine disturbance gradient ［J］. Ecological Applications，1993（3）：531 – 544.

［29］ Travnichek VH，Bain MB，Maceina MJ. Recovery of a warmwater fish assemblage after the initiation of a minimum – flow release downstream from a hydroelectric dam ［J］. Transactions of the American Fisheries Society，1995（124）：836 – 844.

［30］ Gehrke PC，Brown P，Schiller CB，et al. River regulation and fish communities in the Murray – Darling river system，Australia ［J］. Regulated Rivers：Research & Management，1995（11）：363 – 375.

［31］ Scheidegger KJ，Bain MB. Larval fish in natural and regulated rivers：assemblage composition and microhabitat use ［J］. Copeia 1995：125 – 135.

［32］ Valentin S，Wasson JG，Philippe M. Effects of hydropower peaking on epilithon and invertebrate community trophic structure ［J］. Regulated Rivers：Research & Management，1995（10）：105 – 119.

［33］ Kupferberg SK. Hydrologic and geomorphic factors affecting conservation of a river – breeding frog （Rana boylii）［J］. Ecological Applications，1996（6）：1332 – 1344.

［34］ Meffe GK. Effects of abiotic disturbance on coexistence of predator and prey fish species ［J］. Ecology，1984（65）：1525 – 1534.

［35］ Stanford JA，Ward JV，Liss WJ，et al. A general protocol for restoration of regulated rivers ［J］. Regulated Rivers：Research & Management，1996（12）：391 – 414.

［36］ Busch DE，Smith SD. Mechanisms associated with decline of woody species in riparian ecosystems of the Southwestern US ［J］. Ecological Monographs，1995（65）：347 – 370.

［37］ Moyle PB. Fish introductions into North America：patterns and ecological impact ［M］. New York：Springer-Verlag，1986：27 – 43.

［38］ Ward JV，Stanford JA. The ecology of regulated streams ［M］. New York：Plenum Press，1979.

［39］ Duncan RP. Flood disturbance and the coexistence of species in a lowland podocarp forest，south Westland，New Zealand ［J］. Journal of Ecology，1993（81）：403 – 416.

［40］ Nilsson C. Effects of stream regulation on riparian vegetation ［M］. 1982：93 – 106. New York：Columbia University Press.

［41］ Fenner P，Brady WW，Patten DR. Effects of regulated water flows on regeneration of Fremont cottonwood ［J］. Journal of Range Management，1985（38）：135 – 138.

［42］ Rood SB，Mahoney JM，Reid DE，et al L. In stream flows and the decline of riparian cottonwoods along the St. Mary River，Alberta ［J］. Canadian Journal of Botany，1995（73）：1250 – 1260.

［43］ Scott，ML，Auble GT，Friedman JM. Flood dependency of cottonwood establishment along the Missouri River，Montana，USA ［J］. Ecological Applications，1997（7）：677 – 690.

［44］ Shankman D，Drake DL. Channel migration and regeneration of bald cypress in western Tennessee ［J］. Physical Geography，1990（11）：343 – 352.

［45］ Johnson WC. Woodland expansion in the Platte River，Nebraska：patterns and causes ［J］. Ecological Monographs，1994（64）：45 – 84.

［46］ Supit C J. The impact of water projects on river hydrology ［J］. Tekno，2013，11（59）：56 – 61.

［47］ Fausch KD，Bestgen KR. Ecology of fishes indigenous to the central and south – western Great Plains ［M］. New York：Springer – Verlag，1997：131 – 166.

［48］ Montgomery WL，McCormick SD，Naiman RJ，et al. Spring migratory synchrony of salmonid，catostomid，and cyprinid fishes in Rivière á la Truite，Québec ［J］. Canadian Journal of Zoology，1983（61）：2495 – 2502.

［49］ Nesler TP，Muth RT，Wasowicz AF. Evidence for baseline flow spikes as spawning cues for Colorado Squawfish in the Yampa River，Colorado ［J］. American Fisheries Society Symposium，1988（5）：68 – 79.

［50］ Williams RN，Calvin LD，Coutant CC，et al. Return to the river：restoration of salmonid fishes in the Columbia River ecosystem ［R］. Portland（OR）：Northwest Power Planning Council，1996.

［51］ Junk WJ，Bayley PB，Sparks RE. The flood pulse concept in river – floodplain systems ［J］. Canadian Special Publication of Fisheries and Aquatic Sciences，1989（106）：110 – 127.

［52］ Sparks RE. Need for ecosystem management of large rivers and their floodplains ［J］. BioScience，1995（45）：168 – 182.

［53］ Power ME. Hydrologic and trophic controls of seasonal algal blooms in northern California Rivers ［J］. Archiv für Hydrobiologie，1992（125）385 – 410.

［54］ Wootton JT，Parker MS，Power ME. Effects of disturbance on river food webs ［J］. Science，1996（273）：1558 – 1561.

［55］ Horton JS. The development and perpetuation of the permanent tamarisk type in the phreatophyte zone of the Southwest ［J］. USDA Forest Service. General Technical Report，1977（43）：124 – 127.

［56］ Reily PW，Johnson WC. The effects of altered hydrologic regime on tree growth along the Missouri River in North Dakota ［J］. Canadian Journal of Botany，1982（60）：2410 – 2423.

［57］ Taylor DW. Eastern Sierra riparian vegetation：ecological effects of stream diversion ［R］. Mono Basin Research Group Contribution nr 6，Report to Inyo National Forest，1982.

［58］ Stromberg JC，Tiller R，Richter B. Effects of groundwater decline on riparian vegetation of semiarid regions：the San Pedro River，Arizona，USA ［J］. Ecological Applications，1996（6）：113 – 131.

［59］ Kondolf GM，Curry RR. Channel erosion along the Carmel River，Monterey County，California ［J］. Earth Surface Processes and Landforms，1986（11）：307 – 319.

［60］ Perkins DJ，Carlsen BN，Fredstrom M，et al. The effects of ground – water pumping on natural spring communities in Owens Valley，1984.

［61］ Stromberg JC，Tress JA，Wilkins SD，Clark S. 1992（23）. Response of velvet mesquite to groundwater decline ［J］. Journal of Arid Environments，1992（23）：45 – 58.

［62］ Robertson L.. Water operations on the Pecos River，New Mexico and the Pecos bluntnose shiner，a federally – listed minnow. US Conference on Irrigation and Drainage Symposium.

［63］ Auble GT，Friedman JM，Scott ML. Relating riparian vegetation to present and future streamflows ［J］. Ecological Applications，1994（4）：544 – 554.

［64］ Bren LJ. Tree invasion of an intermittent wetland in relation to changes in the flooding frequency of the River Murray，Australia ［J］. Australian Journal of Ecology，1992（17）：395 – 408.

［65］ Connor WH，Gosselink JG，Parrondo RT. Comparison of the vegetation of three Louisiana swamp sites with different flooding regimes ［J］. American Journal of Botany，1981（68）：320 – 331.

［66］ Harms WR，Schreuder HT，Hook DD，et al. The effects of flooding on the swamp forest in Lake Oklawaha，Florida. Ecology，1980（61）1412 – 1421.

［67］ Bogan AE. Freshwater bivalve extinctions（Mollusca：Unionida）：a search for causes ［J］. American Zoologist 1993（33）：599 – 609.

［68］ Travnichek，VH，Zale AV，Fisher WL. Entrainment of ichthyoplankton by a warmwater hydroelectric facility ［J］. Transactions of the American Fisheries Society，1993，(122)：709 – 716.

［69］ Penaz M，Juradja P，Roux AL，et al Fish assemblages in a sector of the Rhone River influenced by the Bregnier – Cordon hydroelectric scheme ［J］. Regulated Rivers：Research and Management，1995，(10)：363 – 367.

［70］ Sudduth，E. B.，Meyer，J. L. Effects of Bioengineered Streambank Stabilization on Bank Habitat and Macroinvertebrates in Urban Streams ［J］. Environmental Management，2006，38，218 –226.

［71］ Martignac F，Baglinière J L，Thieulle L，et al. Influences of a dam on Atlantic salmon (Salmo salar) upstream migration in the Couesnon River (Mont Saint Michel Bay) using hydroacoustics ［J］. Estuarine Coastal & Shelf Science，2013，(134)：181 – 187.

［72］ 毛金龙，刘晓东，鲁俊，等. 澜沧江糯扎渡水电站建设对鱼类资源的影响预测及保护对策 ［J］. 环境科学导刊，2017，36 (4)：76 – 79，93.

［73］ Guzy J C，Eskew E A，Halstead B J，et al. Influence of damming on anuran species richness in riparian areas：A test of the serial discontinuity concept ［J］. Ecology & Evolution，2018，8 (4)：2268 – 2279.

［74］ Symphorian G R，Madamombe E，Zaag P. Dam operation for environmental water releases：the case of Osborne dam，Save catchment，Zimbabwe ［J］. Physics and Chemistry of the Earth，2003，(28)：985 – 993.

［75］ 方子云，谭培论. 为改善生态环境进行水库调度的初步研究 ［J］. 人民黄河，1984 (6)：65 – 67.

［76］ 董哲仁，孙亚东，赵进勇. 水库多目标生态调度 ［J］. 水利水电技术，2007 (1)：28 – 32.

［77］ 贾金生，彭静，郭军，等. 水利水电工程生态与环境保护的实践与展望 ［J］. 中国水利，2006 (20)：3 – 5.

［78］ 汪恕诚. 纵论生态调度 ［N］. 中国水利报，2006 – 11 – 14 (001).

［79］ 李景波，董增川，王海潮，等. 水库健康调度与河流健康生命探讨 ［J］. 水利水电技术，2007，38 (9)：12 – 15.

［80］ 黄云燕. 水库生态调度的方法研究 ［D］. 武汉：华中科技大学，2008.

［81］ 艾学山，范文涛. 水库生态调度模型及算法研究 ［J］. 长江流域水资源环境，2008，17 (3)：451 –455.

［82］ 谭红武，廖文根，李国强，等. 国内外生态调度实践现状及我国生态调度发展策略浅议 ［C］//中国水利学会 2008 学术年会论文集 (上册)，2008：349 – 354.

［83］ 陈端，陈求稳，陈进. 考虑生态流量的水库优化调度模型研究进展 ［J］. 水力发电学报，2011，30 (5)：248 – 256.

［84］ 王煜，戴会超，王冰伟，等. 优化中华鲟产卵生境的水库生态调度研究 ［J］. 水利学报，2013，44 (3)：319 – 326.

［85］ 邓铭江，黄强，畅建霞，等. 大尺度生态调度研究与实践 ［J］. 水利学报，2020，51 (7)：757 – 773.

［86］ 金鑫，王凌河，赵志轩，等. 水库生态调度研究的若干思考 ［J］. 南水北调与水利科技，2011，9 (2)：22 – 26，32.

［87］ Armbruster J T. An infiltration index useful in estimating low – flow characteristics of drainage basins ［J］. J. Res. U. S. Geol. Surv. 1976，4，533 –538.

［88］ Armentrout G，Wilson J F. Assessment of Low Flows in Streams in Northeastern Wyoming：Water – Resources Investigations Report ［C］. Department of the Interior：Cheyenne，WY，USA，1987.

［89］ Resh V H. Periodical citations in aquatic entomology and freshwater benthic biology ［J］. Freshw. Biol. 1985，(15)：757 – 766.

［90］ Petts G E. Water allocation to protect river ecosystems ［J］. River Res. Appl. 1996，（12）: 353 -365.

［91］ Ma L K.，Li T H. On the concept and definition of ecological environment water requirement ［J］. Chin. J. Popul. Resour，2008 (18): 168 - 173.

［92］ Gleick P H. Water in Crisis: A Guide to the World's Fresh Water Resources ［M］. Oxford University Press: New York, NY, USA, 1993: 20.

［93］ Xia J, Zheng D Ys Liu Q E. Discussion on some problems of estimating eco - environmental water demand in northwest China ［J］. J. China Hydrol. 2002，（22）: 12 - 16.

［94］ Tang Q C. Water resources and oasis construction in Tarim Basin ［J］. J. Arid Land Resour. Environ, 1990 (4): 110 - 116.

［95］ Wang Z G. , Zhao L L, Chen Q W, et al. Analysis of the ecological flow concept ［J］. China Water Resour, 2020 (15): 29 - 32.

［96］ China Academy of Engineering. Strategy research sustainable development of water resource in China ［J］. Eng. Sci, 2000，（2）: 210 - 250.

［97］ Chen A, Sui X, Liao W G. , et al. A review of basic flow theory of river ecology in China ［J］. J. China Inst. Water Resour. Hydropower Res. 2016，（14）: 401 - 411.

［98］ Liu X Y. , Lian Y, Huang J H. , et al Environmental flows of the Yellow River ［J］. Sci. Technol. Rev, 2008 (26): 376 - 386.

［99］ Karakoyun Y, Dönmez A H, Yumurtac Z. Comparison of environmental flow assessment methods with a case study on a runoff river - type hydropower plant using hydrological methods ［J］. Environ. Monit. Assess, 2018 (190): 722.

［100］ Tharme R. Review of International Methodologies for the Quantification of the Instream Flow Requirements of Rivers; Water Law Review Final Report for Policy Development ［C］. Department of Water Affairs and Forestry, Freshwater Research Unit, University of Cape Town: Cape Town, South Africa, 1996.

［101］ Dunbar M J. , Gustard A, Acreman M C. , et al Review of Overseas Approaches to Setting River Flow Objectives ［C］. Environment Agency R&D Technical Report W6B (96) 4; Institute of Hydrology: Wallingford, UK, 1998.

［102］ Tennant D L. Instream flow regimens for fish, wildlife, recreation, and related environmental resources ［J］. Fisheries, 1976，（1）: 6 - 10.

［103］ Jia W, Dong Z, Duan, C, et alEcological reservoir operation based on DFM and improved PA - DDS algorithm: A case study in Jinsha river, China ［J］. Hum. Ecol. Risk Assess, 2019 (26): 1723 - 1741.

［104］ Wu H, S, Shi P, Qu S M. et al. Establishment of watershed ecological water requirements framework: A case study of the Lower Yellow River, China ［J］. Sci. Total Environ, 2022 (820): 153205.

［105］ Matthews R C, Bao Y X. The Texas method of preliminary instream flow assessment. Rivers, 1991 (2): 295 - 310.

［106］ Jia Z Y. Study on Ecological Flow of Cascade Hydropower Station in Xushui River Basin ［C］. Master's Thesis, Nort - West A &F University, Yangling, China, June, 2021.

［107］ Stalnaker, C. B. , Arnette, S. C. Methodologies for the Determination of Stream Resource Flow Requirements: An Assessment; US Fish and Wildlife Services, Office of Biological Services Western Water Association: Washington, DC, USA, 1976.

［108］ Tian, X. J. , Zhao, G. J. , Mu, X. M. , et al. Hydrologic alteration and possible underlying causes in the Wuding River [J]. Sci. Total Environ，2019，(693)：133556.

[109] Richter，B. D.，Baumgartner，J. V.，Powell，J. A Method for assessing hydrologic alteration within ecosystems. Conserv [J]. Biol，1996 (10)：1163－1174.

[110] Zhang，P.，Li，K. F.，Wu，Y. L. et al. Analysis and restoration of an ecological flow regime during the Coreius guichenoti spawning period. Ecol [J]. Eng. 2018，(123)：74－85.

[111] Ban，X.，Diplas，P.，Shih，W. R.，et al. Impact of Three Gorges Dam operation on the spawning success of four major Chinese carps [J]. Ecol. Eng. 2019 (127)：268－275.

[112] Bovee，K. D. A Guide to Stream Habitat Analysis Using the Instream Flow Incremental Methodology；Instream Flow Information Paper 12. FWS/OBS－82/26；USDI Fish and Wildlife Services，Office of Biology Services：Washington，DC，USA，1982：248.

[113] Wei，X.，Dong，Z. C.，Hao，Z. C.，et al. Ecological flow regime and its satisfactory degree assessment based on an integrated method [J]. Pol. J. Environ. Stud，2019 (28)：3959－3970.

[114] 潘扎荣，阮晓红，徐静. 河道基本生态需水的年内展布计算法 [J] . 水利学报，2013 (1)：123－130.

[115] Lin，M. K.，Wei，N.，Lu，K. M.，et al. Calculation of ecological base flow based on improved annual distribution method [J]. Water Resour Power，2021 (39)：66－70.

[116] Yu，L. J.，Xia，Z. Q.，Du，X. S. Connotation of minimum ecological runoff and its calculation method [J]. Hehai Univ.（Nat. Sci），2004 (32)：18－22.

[117] Li，J.，Xia，Z. Q.，Ma，G. H.，et al. Monthly frequency calculation method for river ecological runoff calculation [J]. Acta Ecol. Sin. 2007 (7)：2916－2921.

[118] Yang，Z. F.，Cui，B. S.，Liu，J. L. Theory，Method and Practice of Eco－Environmental Water Demand；Science Press：Beijing，China，2003.

[119] Wang，M. J.，Du，Z. P.，Duan，Z. Z.，et al E. Estimating the eco－environmental water demand of a river and lake coupled ecosystem：A case study of Lake Dianchi Basin [J]. Acta Ecol. Sin. 2021，(41)：1341－1348.

[120] Wang，X. Q.，Liu，C. M.，Yang，Z. F. Research advance in ecological water demand and environmental water demand [J]. Adv. Water Sci. 2002 (4)：507－514.

[121] Wu，C. J.，Fang，G. H.，Liao，T.，et al. Integrated software development and case studies for optimal operation of cascade reservoir within the environmental flow constraints [J]. Sustainability，2020，12：4064.

[122] Dunbar，M.，Gustard，A.，Acreman，M.，et al. Overseas Approaches to Setting River Flow Objectives；R and D Technical Report W6－161；Environmental Agency and NERC：England，UK，1998.

[123] Wang，H.，Zhou，M. C.，Li，S. Y.，et al Apply hydrological model to evaluation of ecological water demand of dehydration river reaches for small hydropower plants and water supplement. [J]. Hydroelectr. Eng，2015，(34)：29－37.

[124] Gippel，C. J.，Stewardson，M. J. Use of wetted perimeter in defining minimum environmental flows [J]. Regul. River，1998 (14)：53－67.

[125] Cheng，B.，Li，H. E.，Yue，S. Y.，et al. Compensation for agricultural economic losses caused by restoration of healthy eco－hydrological sequences of rivers [J]. Water，2019 (11)，1155.

[126] Prakasam，C.，Saravanan，R.，Varinder，S. K. Evaluation of environmental flow requirement using wetted perimeter method and GIS application for impact assessment [J]. Ecol. Indic，2021，(121)：107019.

[127] Espana-Mosley，M. P. Flow requirements for recreation and wildlife in New Zealand rivers [J].

Journal of Hydrology. 1983, 22 (2), 152 – 174.

[128] Dunbar, M. J., Gustard, A., Acreman, M. C., et al. Review of Overseas Approaches to Setting River Flow Objectives; Environment Agency R&D Technical Report W6B (96) 4; Institute of Hydrology: Wallingford, UK, 1998.

[129] Richter, B. D., Baumgartner, J. V., Wigington, R., et al. How much water does a river need? [J]. Fresh w. Biol, 1997 (37): 231 – 249.

[130] Pan, B. Z., Wang, H. Z., Ban, X., et al. An exploratory analysis of ecological water requirements of macroinvertebrates in the Wuhan branch of the Yangtze River [J]. Quatern. Int, 2015, (380): 256 – 261.

[131] Clayton, S. R. Quantitative Evaluation of Physical and Biological Responses to Stream Restoration. Ph. D. Thesis, University of Idaho, Moscow, IN, USA, J 2002.

[132] Munoz – Mas, R., Martinez – Capel, F., Schneider, M., et al. Assessment of brown trout habitat suitability in the Jucar River Basin (SPAIN): Comparison of data – driven approaches with fuzzy – logic models and univariate suitability curves [J]. Sci. Total Environ, 2012 (440): 123 – 131.

[133] Williams, J. G. Lost in space: Minimum confidence intervals for idealized PHABSIM studies [J]. T. Am. Fish. Soc, 1996, (125): 458 – 465.

[134] Fu, Y. C., Leng, J. W., Zhao, J. Y., et al Quantitative calculation and optimized applications of ecological flow based on nature – based solutions [J]. Hydrol, 2021, 598: 126261.

[135] Wang, R. L., Huang, J. H., Ge, L., et al. Study of ecological flow based on the relationship between cyprinusy carpio habitat hydrological and ecological response in the lower Yellow River [J]. Hydraul. Eng, 2020 (51): 1175 – 1187.

[136] King, J., Louw, D. Stream flow assessments for regulated rivers in South Africa using the building block methodology [J]. Aquat. Ecosyst. Health 1998 (1): 109 – 124.

[137] Yang, Z. F., Sun, T., Qin, X. S. Calculating methods for quantifying environmental flows in Estuaries: A case study of Haihe River Basin, China [J]. Environ. Inform, 2005, (6): 72 – 79.

[138] King, J., Brown, C., Sabet, H. A scenario – based holistic approach to environmental flow assessment for rivers [J]. River Res. Appl, 2003 (19): 619 – 639.

[139] King, J., Beuster, H., Brown, C., et al. Pro – active management: The role of environmental flows in transboundary cooperative planning for the Okavango River system [J]. Hydrolog. Sci., 2014, (59): 786 – 800.

[140] Thoms, M., Sheldon, F., Roberts, J. et al. Scientific Panel Assessment of Environmental Flows for the Barwon – Darling River; New South Wales Department of Land & Water Conservation: New South Wales, Australia, 1996: 80 – 94.

[141] Cottingham, P., Thoms, M. C., Quinn, G. P. Scientific panels and their use in environmental flow assessment in Australia [J]. Water Res, 2002, [5]: 103 – 111.

[142] Poff, N. L., Richter, B. D., Arthington, A. H., et al. The ecological limits of hydrologic alteration (ELOHA): A new framework for developing regional environmental flow standards [J]. Freshw. Biol. 2010, (55): 147 – 170.

[143] Ge, J., Peng, W., Huang, W., et al. Quantitative assessment of flow regime alteration using a revised range of variability methods [J]. Water, 2018 (10): 597.

[144] Acreman MC, Farquharson FAK, McCartney, et al. Managed Flood Releases from Reservoirs: Issues and Guidance [A]. Report to DFID and the World Commission on Dams [C]. UK:

Centre for Ecology and Hydrology. 2000.

[145] 李嘉，王玉荣，李克峰，等．计算河段最小生态需水的生态水力学法［J］．水利学报，2006，37（10）：1169-1174.

[146] 张新华，李红霞，肖玉成，等．河道最小生态基础流量计算方法研究［J］．中国水利水电科学研究院学报，2011，9（1）：66-73.

[147] 蒋晓辉，Arthington A，刘昌明，等．基于流量恢复的黄河下游鱼类生态需水研究［J］．北京师范大学学报（自然科学版），2009，45（5/6）：537-542.

[148] 李咏红，刘旭，李盼盼，等．基于不同保护目标的河道内生态需水量分析——以琉璃河湿地为例［J］．生态学报，2018，38（12）：4393-4403.

[149] 黄显峰，钟婧玮，方国华，等．基于ME-Tennant法的河道生态流量过程评价模型研究［J］．长江科学院院报，2019，36（2）：20-26.

[150] Xu, Z. X., Peng, D. Z., Pang, B., et al. Theoretical Basis of River Ecological Basic Flow: A Case Study of Guanzhong Section of Weihe River [M]. Science Press: Beijing, China, 2016: 8-22.

[151] 杨志峰，陈贺．一种动态生态环境需水计算方法及其应用．生态学报，2006，26（9）：219-225.

[152] Chen D, Chen Q, Chen J. An optimization model of dam adaptive management based on Genetic Algorithms [A]. Proceedings of EPPH2010 conference [C]. Chendu: 2010, 6.

[153] 梅亚东，杨娜，翟丽妮．雅砻江下游梯级水库生态友好型优化调度［J］．水科学进展，2009：5.

[154] Gao, X. S., Liu, S. F., Guan, S., et al. Comprehensive reservoir operation based on ecological runoff assurance: Sched-uling and application [J]. Yangtze River Sci. Res. Inst. 2021, (38): 19-24.

[155] Ren, K., Liu, D. F., Huang, Q., et al. Reservoir ecological operation based on stochastic flow duration curves [J]. Hydroelectr. Eng. 2017 (36): 32-41.

[156] Chen D, Chen Q, Li R. Optimization model of reservoir operation under ecological flow constraint: the case of cascade dams onYalongjiang River, China [A]. Proceedings of the 6th ISEH Conference [C]. Athens, Greece, 2010, 6.

[157] 许可，周建中，顾然，等．基于流域生物资源保护的水库生态调度［J］．水生态学杂志，2009，30（2）：134-138.

[158] 康玲，黄云燕，杨正祥，等．水库生态调度模型及其应用［J］．水利学报，2010，（2）．

[159] Dai, L. Q., Dai, H. C., Li, W., et al. Optimal operation of cascade hydropower plants considering spawning of four major Chinese carps [J]. Hydroelectr. Eng, 2022 (41), 21-30.

[160] 胡和平，刘登峰，田富强，等．基于生态流量过程线的水库生态调度方法研究［J］．水科学进展，2008，19（3）：325-332.

[161] Xu, S. Q., Su, X., Xing, Z. X., et al. Reservoir ecological operation model under condition of non-sufficient ecological constraints [J]. Trans. Chin. Soc. Agric. Mach, 2017 (48): 190-197.

[162] Suen J P, Eheart J W. Reservoir management to balance ecosystem and human needs: Incorporating the paradigm of the ecological flow regime [J]. Water Resources Research, 2006 (42): 3417.

[163] Richard B. D., Baunmagrtner J. V., Braun D. P., et al. A spatial assessment of hydrologic alteration within a river network [J]. Regulated Rivers-Research & Management, 1998, 14 (4): 329-340.

[164] SHIAU J. T., Wu F. C. Pareto-optimal solutions for environmental flow schemes incorporating the intra-annual and inter-annual wariability of the natural flow regime [J]. Water Resources

Research，2007（43）：6433.

[165] Ai，Y. D.，Ma，Z. Z.，Xie，X. M.，et al. Optimization of ecological reservoir operation rules for a northern river in China：Balancing ecological and socio－economic water use ［J］. Ecol. Indic. 2022，138：108822.

[166] Zhang，H.，Chang，J.，Gao，C.，et al. Cascade hydropower plants operation considering comprehensive ecological water demands ［J］. Energy Convers. Manag，2019，（180）：119－133.

[167] 诸葛亦斯. 考虑鱼类生境的梯级水库生态调度方法研究及应用 ［D］. 武汉：武汉大学，2008.

[168] Bryan B A，Overton I B，Higgins A C，et al. Integrated modeling for the conservation of river ecosystems：Progress in the South Australian River Murray，International Environmental Modeling and Software Society（IEMSS），2010 International Congress on Environmental Modeling and Software Modeling for Environment's Sake，Fifth Biennial Meeting，Ottawa，Canada David A. Swayne，Wanhong Yang，A. A. Voinov，A. Rizzoli，T. Filatova（Eds.）

[169] 张代青，沈春颖，于国荣，等. 基于河道流量生态服务效应的水库生态价值优化调度 ［J］. 武汉大学学报（工学版），2020，53（2）：101－109，116.

[170] Shim K C，Fontane D，Labadie J. Spatial decision support system for integrated river basin flood control ［J］. Journal of Water Resources Planning and Management，2002，128（3）：119－121.

[171] Chen，C.，Kang，C. X.，Wang，J. W. Stochastic linear programming for reservoir operation with constraints on reliability and vulnerability ［J］. Water，2018：10，175.

[172] Yue，W. C.，Yu，S. J.，Xu，M.，Rong，Q. Q.，et al. A Copula－based interval linear programming model for water resources allocation under uncertainty ［J］. Environ. Manag，2022，（317）：115318.

[173] 李寿声，彭世章. 多种水源联合运用非线性规划灌溉模型 ［J］. 水利学报，1986（6）：11－19.

[174] Yin，D. Q.，Li，X.，Wang，F.，et al.，Water－energy－ecosystem nexus modeling using mul－ti－objective，non－linear programming in a regulated river：Exploring tradeoffs among environmental flows，cascades small hydropower，and inter－basin water diversion projects ［J］. Environ. Manag，2022（308）：114582.

[175] Hermida，G.，Castronuovo，E. D. On the hydropower short－term scheduling of large basins，considering nonlinear pro－gramming，stochastic inflows and heavy ecological restrictions ［J］. Elec. Power，2018（97）：408－417.

[176] 董增川，许静仪. 水电站库群优化调度的多次动态线性规划方法 ［J］. 河海大学学报（自然科学版），1990，18（6）：63－69.

[177] Yves，M.，Gendreau，M.，Emiel，G. Benefit of PARMA modeling for long－term hydroelectric scheduling using stochastic dual dynamic programming ［J］. Water Resour. Plan. Manag. 2021，（147）：5021002.

[178] Rani，D.，Mourato，S.，Moreira，M. A Generalized Dynamic Programming Modelling Approach for Integrated Reservoir Operation ［J］. Water Resour. Manag，2020（34）：1335－1351.

[179] Wu，X. Y.，Cheng，C. T.，Lund，J. R.，et al. Stochastic dynamic programming for hydropower reservoir operations with multiple local optima ［J］. Hydrol，2018（564）：712－722.

[180] Pan，Z. H.，Chen，L. H.，Teng，X. Research on joint flood control operation rule of parallel reservoir group based on aggregation－decomposition method ［J］. Hydrol，2020（590）：125479.

[181] Holland J. Adaptation in natural and artificial systems ［J］. Ann Arbor：The University of Michigan Press，1975.

[182] Chen，J.，Zhong，P. A.，Liu，W.，et al. Multi－objective risk management model for real－time flood control optimal operation of a parallel reservoir system ［J］. Hydrol，2020

（590）：125264.

[183] Thomas，T.，Ghosh，N. C.，Sudheer，K. P. Optimal reservoir operation – A climate change adaptation strategy for Narmada basin in central India ［J］. Hydrol，2021（598）：126238.

[184] Seetharam，K. V. Three level rule curve for optimum operation of a multipurpose reservoir using genetic algorithms ［J］. Water Resour. Manag，2021（35）：353 – 368.

[185] Eberjart R C，Kennedy J. A new optimizer using particle swarm theory ［C］. Proc.，6 th Symposium On Micro Machine and Human Science，IEEE Service Center，Piscataway N. J.，1995：39 – 43.

[186] Dobson，B.，Wagener，T.，Pianosi，F. An argument – driven classification and comparison of reservoir operation optimization methods ［J］. Adv. Water Resour，2019（128）：74 – 86.

[187] Feng，Z. K.，Niu，W. J.，Zhang，R.，et al. Operation rule derivation of hydropower reservoir by k – means clustering method and extreme learning machine based on particle swarm optimization ［J］. Hydrol，2019（576）：229 – 238.

[188] Diao，Y. F.，Ma，H. R.，Wang，H.，et al. Optimal flood – control operation of cascade reservoirs using an improved particle swarm optimization algorithm ［J］. Water，2022，（14）：1239.

[189] 徐刚，马光文，梁武湖，等. 蚁群算法在水库优化调度中的应用 ［J］. 水科学进展，2005，16（3）：397 – 400.

[190] Sharifazari，S.，Sadat – Noori，M.，Rahimi，H.，et al. Optimal reservoir operation using Nash bargaining solution and evolutionary algorithms ［J］. Water Sci. Eng，2021（14）：260 – 268.

[191] Asvini，M. S.，Amudha，T. Design and development of bio – inspired framework for reservoir operation optimization ［J］. Adv. Water Resour，2017（110）：193 – 202.

[192] 胡铁松，万永华，冯尚友. 水库群优化调度函数的人工神经网络方法研究 ［J］. 水科学进展，1995，3（6）：53 – 60.

[193] Kumar，A.，Goyal，M.，Ojha，C.，et al. Application of ANN，fuzzy logic and decision tree algo – rithms for the development of reservoir operating rules ［J］. Water Resour. Manag，2013（27）：911 – 925.

[194] Yu，Y. C.，Liu，Z.，Dong，P.，et al. Research on reverse order impoundment mode of cascade reservoir flood control system：Case study on upper reaches of Yangtze River ［J］. Hydrol，2022（605）：127348.

[195] Azizipour，M.，Sattari，A.，Afshar，M. H. et al，Optimal hydropower operation of multi – reservoir systems：hybrid cellular automata – simulated annealing approach ［J］. Hydroinf，2020（22）：1236 – 1257.

[196] Yang，C. G.，Tu，X. Y.，Chen，J. Algorithm of marriage in honey bees optimization based on the wolf pack search. Proc of international conference on intelligent pervasive computing，Jeju Island，Korea，11 – 13 Oct. 2007.

[197] Zou，Q.，Lu，J.，Zhou，C.，et al. Optimal operation of cascade reservoirs based on parallel hybrid differential evolution algorithm. ［J］. Hydroelectr. Eng，2017，（36）：57 – 68.

[198] Hui，Q.，Zhou，J. Z.，Lu，Y. L.，et al. Multi – objective cultured differential evolution for generating optimal trade – offs in reservoir flood control operation ［J］. Water Resour. Manag，2010（24）：2611 – 2632.

[199] Deb K，Pratap A，Agarwal S，et al. A fast and elitist multi – objective genetic algorithm：NSGA – Ⅱ ［J］. IEEE Transactions on Evolutionary Computation，2002，6（2）：182 – 197.

[200] Feo T，Resende M. A probabilistic heuristic for a computationally difficult set covering problem

[J]. Operations Research Letters, 1989 (8): 67 - 71.

[201] M. Janga Reddy, D. Nagesh Kumar. Optimal Reservoir Operation Using Multi - Objective Evolutionary Algorithm [J]. Water Resources Management, 2006, 20 (6): 861 - 878.

[202] 陈洋波, 王先甲, 冯尚友. 考虑发电量与保证出力的水库调度多目标优化方法 [J]. 系统工程理论与实践, 1998 (4): 96 - 102.

[203] 覃辉, 周建忠, 王光谦, 等. 基于多目标差分进化算法的水库多目标防洪调度研究 [J]. 水利学报, 2009, 40 (5): 513 - 519.

[204] 周世春. 美国哥伦比亚河流域下游鱼类保护工程、拆坝之争及思考 [J]. 水电站设计, 2007, 23 (3): 21 - 26.

[205] 方子云. 中美水库水资源调度策略的研究和进展 [J]. 水利水电科学进展, 2005, 25 (1): 1 - 5.

[206] 吴阿娜, 车越, 张宏伟, 等. 国内外城市河道整治的历史、现状及趋势 [J]. 中国给水排水, 2008, 24 (4): 13 - 18.

[207] 吕新华. 大型水利工程的生态调度 [J]. 科学进步与对策, 2006, 23 (7): 129 - 131.

[208] Higgins J M, Brock W G. Overview of reservoir release improvement at 20 TVA dams [J]. Journal of Energy Engineer, 1999, 125 (1): 1 - 17.

[209] 容致旋. 关于德涅斯特罗夫水库利用调度进行自然保护的问题 [J]. 水利水电快报, 1994 (14): 1 - 11.

[210] 高立洪. 墨累—达令流域水域生态问题的解决之道 [N]. 中国水利报, 2005 - 09 - 03 (004).

[211] 李国英. 维持黄河健康生命 [M]. 郑州: 黄河水利出版社, 2005.

[212] 杨宝琴. 三峡首次为四大家鱼开闸放水 [J]. 渔业致富指南, 2011 (15): 4.

[213] 鲍建腾, 陶娜麒, 宋玉, 等. 江苏省水利工程生态 (环境) 调度在生态河湖实践中的应用 [J]. 江苏水利, 2018 (2): 16 - 20.

[214] 林俊强, 陈凯麒, 曹晓红, 等. 河流生态修复的顶层设计思考 [J]. 水利学报, 2018, 49 (4): 483 - 491.

[215] 狄啸. 渭河流域生态流量调度实践及展望 [J]. 陕西水利, 2020 (8): 70 - 71, 74.

[216] 丁洪亮, 程孟孟, 胡永光, 等. 丹江口—王甫洲区间生态调度认识与实践 [J]. 人民长江, 2022, 53 (3): 74 - 78.

[217] 邓铭江, 黄强, 畅建霞, 等. 大尺度生态调度研究与实践 [J]. 水利学报, 2020, 51 (7): 757 - 773.

[218] PRASSIFKA D W. Current Trends in Water Supply Planning [M]. New York: Von Nostrand Reinhold Compang, 1998.

[219] 陈家琪. 中国水资源问题及 21 世纪初期供需展望 [J]. 水问题论坛, 1994 (1): 25 - 31.

[220] 贺丽媛, 夏军, 张利平. 水资源需求预测的研究现状及发展趋势 [J]. 长江科学院院报, 2007, 24 (1): 61 - 64.

[221] 何文杰, 王季震, 赵洪宾, 等. 天津市城市用水量模拟方法的研究 [J]. 中国给水排水, 2001 (10): 43 - 44.

[222] 张成才, 崔雅博, 胡彩虹. 需水量预测方法研究 [J]. 气象与环境科学, 2009, 32 (1): 1 - 4.

[223] 张文达. 干旱区城市水资源优化配置研究 [D]. 邯郸: 河北工程大学, 2021.

[224] 刘洪波, 张宏伟, 田林. 人工神经网络法预测时用水量 [J]. 中国给水排水, 2002, 18 (12): 39 - 41.

[225] 王坚. 基于改进组合神经网络的水资源预测研究 [J]. 计算机科学, 2016, 43 (SI): 516 - 518.

[226] 马创, 周代棋, 张业. 基于改进鲸鱼算法的 BP 神经网络水资源需求预测方法 [J]. 计算机科学, 2020, 47 (S2): 486 - 490.

[227] 马溪原, 王暖. 基于 MATLAB 的灰色模型在城市月供水预测中的应用 [J]. 市政技术, 2008,

26（4）：368－369.

[228] 宋帆，杨晓华，吴翡翡，等．灰色关联－集对聚类预测模型在吉林省用水量预测中的应用［J］.水资源与水工程学报，2018，2993：28－33.

[229] 龙德江．基于主成分回归分析的城市需水量预测［J］.水科学与工程技术，2010，（10）：17－19.

[230] 张雅君，刘全胜．北京工业需水量的多元回归分析及预测［J］.给水排水，2002，28（11）：53－55.

[231] 柯礼丹．人均综合用水量方法预测需水量－观察未来用水的有效途径［J］.地下水，2004，26（1）：1－5.

[232] 许新宜，王浩，甘泓，等．华北地区宏观经济水资源规划理论与方法［M］.郑州：黄河水利出版社，1997.

[233] 秦欢欢，郑春苗．基于宏观经济模型和系统动力学的张掖盆地水资源供需研究［J］.水资源与水工程学报，2018，29（1）：9－17.

[234] 余亚琴，江兵．安徽省水资源宏观经济优化模型研究［J］.水利科技与经济，2006（3）：143－146.

[235] 汪党献．水资源需求分析理论与方法研究［D］.北京：中国水利水电科学研究院，2002.

[236] 左其亭，马军霞，吴泽宁，等．城市水资源承载力——理论·方法·应用［M］.北京：化学工业出版社，2005.

[237] 杨万民．基于用水定额法在社会经济发展需水量预测中的应用［J］.黑龙江水利科技，2017，45（11）：176－178.

[238] 申金玉．规划阶段水资源论证需水总量预测方法研究［J］.水利规划与设计，2017（7）：48－51，64.

[239] 刘劲松，王丽华，宋秀娟．生态学基础［M］.北京：化学工业出版社，2003.

[240] 中国大百科全书总编辑委员会．中国大百科全书-环境科学［M］.北京：中国大百科全书出版社，1993.

[241] 蔡旭东．水利工程生态效应区域响应研究［D］.南京：河海大学，2007.

[242] 张思纯，曹琳剑．论生态意识、资源忧患与生态经济观［J］.燕山大学学报（哲学社会科学版），2007（2）：137－141.

[243] 路国华．可持续发展理论缘起、内涵与演进［J］.上海城市发展，2008（4）：57－59.

[244] 汪恕诚．在水利工程生态影响论坛的致辞［J］.中国农村水电及电气化，2005（8）：1－2.

[245] 郭乔羽，李春辉，崔宝山，等．拉西瓦水电工程对区域生态影响分析［J］.自然资源学报，2003，18（1）：50－57.

[246] 赵春松．浅谈水利工程的生态效应区域响应［J］.水利天地，2010（5）：46.

[247] 刘家宏，魏娜，牛存稳，等．复杂水资源系统调蓄计算的时变耦合模型［J］.科学通报，2014，59（6）：1－8.

[248] 陈凯琪，王东胜．大坝建设环境回顾及梯级规划环境评价［R/OL］. http://www.hwcc.com.cn/newsdisplay/newsdisplay.asp?Id=102854，2004－6－4.

[249] 段昌群，杨雪清．生态学的颠覆性和建设性［C］// 郑易生，科学发展观与江河开发．北京：华夏出版社，2005：24－37.

[250] 王友贞．区域水资源承载能力评价研究［D］.南京：河海大学，2005.

[251] 傅秀堂．论水库移民［M］.武汉：武汉大学出版社，2001.

[252] 张晶，董哲仁，孙东亚，等．基于主导生态功能分区的河流健康评价全指标体系［J］.水利学报，2010，41（8）：883－892.

[253] 程胜高，罗泽娇，曾克峰，等．环境生态学［M］.北京：化学工业出版社，2003.

［254］ 马晓超，粟晓玲，薄永占，等．渭河生态水文特征变化研究［J］．水资源与水工程学报，2011，22（1）：16－21．

［255］ 宋世良，等．渭河上游鱼类区系研究［J］．兰州大学学报，1983．

［256］ 黄洪富．渭河中段鱼类名录［C］．西北大学 25 周年校庆集刊，1959．

［257］ 许涛清，李仲辉．渭河鱼类区系的初步研究［J］．新乡师范学院学报，1984（4）：73－78．

［258］ 武玮，徐宗学，殷旭旺，等．渭河流域鱼类群落结构特征及其完整性评价［J］．环境科学研究，2014，27（9）：981－989．

［259］ OHIO EPA. Biological criteria for the protection of aquatic life：volume Ⅱ. users manual for biological field assessment of Ohio surface waters［R］. Washinton DC：State of Ohio Environmental Protection Agency，1987．

［260］ Rosi－Marshall EJ，Wallace JB. Invertebrate food webs along a stream resource gradient.［J］. Freshwater Biology，2002，（47）：129－141．

［261］ 殷旭旺，徐宗学，高欣，等．渭河流域大型底栖动物群落结构及其与环境因子的关系［J］．应用生态学报，2013，24（1）：218－226．

［262］ 于松延，徐宗学，武玮．基于多种水文方法估算渭河关中段生态基流［J］．北京师范大学学报，2013，49（2/3）：175－179．

［263］ 王芳，贾仰文，等．陕西省渭河干流可调水量分析与调度机制研究［R］．2012．

［264］ 钟华平，刘恒，耿雷华，等．河道生态需水估算方法及其评述［J］．水科学进展，2006，17（3）：430－434．

［265］ 马晓超，粟晓玲．基于 RVA 的渭河中下游生态环境需水及满足程度研究［J］．干旱地区农业研究，2013，31（6）：220－224．

［266］ 中华人民共和国水法．

［267］ 姚傑宝，王道席，柴成果．黄河流域初始水权配置优先位序初步研究［J］．人民黄河，2005，27（5）：47－50．

［268］ Y W Jia，N Wei，C F Hao，et al. Truth concealed behind "Zero Increase of Total Water Use" and coordination approach of socio－economic and eco－environmental water uses in the Weihe River Basin of China［C］ // Evolving Water Resources Systems：Understanding，Predicting and Managing Water－Society Inteeractions Proceedings of ICWRS2014. Bologna，Italy，2014，（3）：392－397．

［269］ 李智，张慧芳．理论极限灌溉水价探讨［J］．水利经济，2011，29（2）：35－37．

［270］ Solomon K H. Typical crop water production functions［C］. Paper No. 85－2596，ASCE，Chicago，IL，USA，1985，17－20．

［271］ 李健．内蒙古高原内陆河东部流域 2020 年需水量预测研究［J］．海河水利，2013（3）：9－11．

［272］ 刘铁龙．关中九大灌区需水分析［J］．陕西水利，2014（6）：21－24．

［273］ Heisenberg WK. Intuitive content kinematics and mechanics of quantum theory［J］. Annales Geophysicae，1927，43（3－4）：172－198．

［274］ Valianta L. Theory of the Learnable［J］. Communications of the ACM，1984，27（11）：1134－1142．

［275］ 高志玥，李怀恩，张倩，等．宝鸡峡灌区农业供水效益 CD 函数岭回归分析［J］．干旱地区农业研究，2018，36（6）：33－40．

［276］ Poff L R，Allan J D，Bain M B，et al. The Natural Flow Regime：A Paradigm for River Conservation and Restoration［J］. Bioscience，1997，47（11）：769－784．

［277］ Ladson A R，White L J. An Index of Stream Condition：Reference Manual，2nd ed［C］. Department of Natural Resources and Environment：East Melbourne，Victoria，1999：15－27．